U0314981

露天矿安全生产管控及智能决策系统

章赛　卢才武　顾清华　江松　著

北　京

冶金工业出版社

2024

内 容 提 要

本书系统地介绍了露天矿安全生产管控及智能决策系统，主要内容包括：概论，基于物联网的露天煤矿全流程生产数据采集，露天矿无人驾驶卡车多目标车流分配调度，多煤种多组分全要素智能配煤优化，露天矿生产全流程智慧决策系统等。

本书可供从事矿山安全生产的工程技术人员和管理人员阅读，也可供大专院校有关专业的师生参考。

图书在版编目（CIP）数据

露天矿安全生产管控及智能决策系统/章赛等著. —北京：冶金工业出版社，2024.3

ISBN 978-7-5024-9733-0

Ⅰ.①露… Ⅱ.①章… Ⅲ.①露天开采—煤矿开采—安全生产—智能决策—决策支持系统 Ⅳ.①TD824

中国国家版本馆 CIP 数据核字（2024）第 042991 号

露天矿安全生产管控及智能决策系统

出版发行	冶金工业出版社	**电　话**	（010）64027926
地　　址	北京市东城区嵩祝院北巷 39 号	**邮　编**	100009
网　　址	www.mip1953.com	**电子信箱**	service@ mip1953.com

责任编辑　郭冬艳　美术编辑　吕欣童　版式设计　郑小利
责任校对　石　静　责任印制　禹　蕊
北京建宏印刷有限公司印刷
2024 年 3 月第 1 版，2024 年 3 月第 1 次印刷
710mm×1000mm　1/16；10.75 印张；208 千字；162 页
定价 66.00 元

投稿电话　（010）64027932　投稿信箱　tougao@cnmip.com.cn
营销中心电话　（010）64044283
冶金工业出版社天猫旗舰店　yjgycbs.tmall.com
（本书如有印装质量问题，本社营销中心负责退换）

前　言

在矿山行业的发展中，露天矿开采是其最主要的开采方式之一。然而，矿山安全问题一直是矿山行业面临的重大挑战，特别是在露天矿生产工作中，各种不可预见的安全事故（包括地质灾害、运输碰撞、岩石坍塌、火灾爆炸等问题）时有发生，造成的人员伤亡和财产损失极其巨大。为了实现矿业的可持续发展和保障矿工的生命安全，矿山企业必须致力于研究和部署一系列科技手段，以降低矿业生产过程中的风险和压力，并提高生产效率。因此，如何保障露天矿的安全生产，是矿山行业急需解决的问题。

随着物联网技术、云计算技术、大数据技术、人工智能技术等科技的快速发展，露天矿安全生产管理的方式和手段也发生了翻天覆地的变化。各种智能化与自动化技术在矿山行业逐步得到应用，通过传感器、云计算、大数据等技术手段，可以对露天矿进行全方位、实时监测和数据分析，实现对生产过程的精准掌控和预警，从而提高生产效率和安全性。

本书介绍了露天矿安全生产管控及智能决策关键技术的研究现状和发展趋势。全书共分6章，20.8万字，其中章赛编写字数12.8万字，卢才武编写字数3万字，顾清华、江松各编写了2.5万字。第1章介绍了露天矿安全生产的管控现状，重点分析现有管控存在的问题、短板，以及开采过程中存在的问题。在此基础上，第2章介绍了如何利用数据预处理方法，例如去除噪声、恢复残缺数据、修改或剔除不一致数据等，以获得全面的、比较完整的传感器监测数据。第 3 章通过传统车流分配调度模型以及无人驾驶卡车与人工卡车车流分配调度模型构建的对比，结合新型矿山开采环境，构建出适用于露天矿无人驾驶卡车多目标车流分配调度模型。第 4 章通过对煤的种类、焦炭厂生产环节、配煤指标对焦炭质量的影响及焦炭产品质量要求的分析，结合焦化厂需求以及生产情况，确定了模型的目标函数与约束条件，构建了多样性变异的 TSSA 算法，求解出了保证焦炭质量并降低了成本的配煤方案。第 5 章基于云服务开发了露天煤矿全流程动态生产工业大数据分析及智慧决策系统，实现了优化卡车运输，降低了总运输功和采装与运输设备的等待时间，有效地提高了采装与运输效率；实现了电铲、卡车、挖掘机调度，优化生产，提高了资源利用率；实现了及时响应生产、调整生产和安全生产等功能。第 6 章结合实际案例，深入剖析智能决策关键技术在具体应用场景中的效果和价值，并从多维度提出了优化改进策略，以期打造更加智能、高效和可靠的矿山安全生产管理框架。

本书不仅适用于矿山生产和管理的从业人员使用，也适用于相关科技领域的专业人士参考。希望本书能对矿山行业的发展有所裨益，同时也为相关科技领域的人才提供一系列的技术思路和实践案例。

本书在编写过程中，参考或借鉴了相关科技领域的文献资料及相关专业人士的建议和意见，在此，一并表示衷心的感谢。

由于作者水平所限，书中难免存在不足之处，敬请读者批评指正。

作 者
2023 年 7 月

目　　录

1 概　　论

1.1　露天矿山企业安全生产现状

1.1.1　露天矿产资源禀赋化生产新模式

随着经济建设和科学技术的发展，信息技术已经获得了巨大进步，其中信息技术在矿山行业方向中的应用正在快速发展。近年来，人工智能、大数据等前沿技术越发成熟，2019 年，5G 网络正式商用，各部委更是接连颁布了多项发展规划，其中 2022 年 9 月自然资源部发布的《中国矿产资源报告（2022）》明确指出，我国地质找矿不断取得突破，矿产资源领域科技创新能力不断增强。我国正在加快数字矿山、智能矿山、自动化矿山的建设，开创矿业智能化建设新阶段。按照绿色开发、节约集约、智能发展的思路，推动智能矿山的形成，将矿山工业与信息技术相融合，两者相互促进，追求我国矿业绿色发展，可持续发展的理念已成为一种趋势。

露天煤矿开采的智能化、无人化是我国实现资源强国战略的必然选择和必经之路。目前国内的露天煤矿生产设备机械化、自动化水平仍较低，劳动强度大，缺少灵活性，煤矿开采技术与国外先进水平相比存在较大差距。从穿孔、铲装、运输到排土等每个环节的设备都比较陈旧，这些对于露天矿山的生产和建设带来了不利的影响。国外采矿设备近几十年来无轨化、液压化已成为主流，在此基础上正朝着智能化、无人化的方向发展。在智能采矿发展的大背景下，大力发展自动化乃至无人化矿开采技术，对于革新煤矿生产开采模式，提高生产效率与作业人员安全性具有重大意义。运输环节是露天煤矿最重要的生产流程之一，运输无人化是实现露天煤矿无人开采的重要内容。目前要全面实现露天开采全作业流程的无人化仍十分困难，但露天矿区具有无人、低速、车流少等场景特点，已具备最先实现无人驾驶的基础条件，随着无人驾驶技术不断发展，露天开采运输无人化已极具可能。露天开采无人运输的研究主要包括两个方面：一是铲运智能开采设备的研发，主要有铲、装、运等大型作业装备的远程遥控及无人驾驶，如挖掘机及铲车的远程遥控、卡车的无人驾驶等；二是管控无人驾驶卡车的智能调度系统研发，即为集群作业的无人卡车配备"超级大脑"。仅有智能设备是不能实现智能采矿、无人采矿的，要使智能设备与露天开采的采矿方法、采矿工艺及开采环境相适应，使各生产作业工序相互协调，才能充分发挥智能采矿设备的效能，最终实现无人开采。

露天煤矿生产运营模式只有不断革新，采矿过程逐步遥控化、智能化乃至无人化，才能展露出强大的生产力及经济效益。新时期全球矿业发展将全面进入以"绿色、智能、安全、高效、环保"为目标的全新历史阶段，露天煤矿生产也将进入生产新模式。

1.1.2　双碳目标下矿山安全精益化生产

安全生产是所有矿山企业发展的核心要义，各种安全问题也是影响矿山行业稳健发展的主要问题。所谓安全生产就是将生产系统运行中可能对人类的生命财产、社会环境以及对大自然的损害程度控制在人类可接受的范围以内。

我国矿山安全生产经历了 3 个阶段，分别是安全生产初级阶段、安全生产发展阶段和安全生产完善阶段。安全生产初级阶段为 1949~1977 年，由于 1949 年新中国刚成立，我国工业基础比重小，重工业在全国经济发展中占比极低，加之技术设备与安全保障设施基础薄弱等原因，煤矿安全事故发生概率极高。新中国成立初期，党和国家高度重视煤炭行业的发展，相关安全政策也初步建立起来，煤矿事故死亡率从 1949 年的 22.54% 降低至 1957 年的 5.65%，但受到 1958 年"大跃进"的影响，煤炭行业停滞不前甚至有后退现象，安全事故更是频发，安全事故发生数在短短 3 年中倍数增长，事故死亡人数从 1957 年的 3704 人增长至 1960 年的 6036 人，在这样触目惊心的数字的影响下，煤矿安全制度得到了一定程度上的完善，安全秩序得以重新建立，事故发生率得到了有效的遏制。安全生产发展阶段为 1978~1999 年，改革开放的春风吹进了中国大地，我国工业发展态势迅猛，经济形态向社会主义市场经济发展，全国工业体系得到了初步完善。煤炭行业发展得到了重视，其安全秩序也随着改革开放的推进而逐步进入正轨。政府为维护和发展煤矿安全生产秩序，在 1980~1987 年间先后出台了《煤矿安全规程》《煤矿安全监察条例》《关于煤矿企业安全生产奖惩制度的决定》等规定，并在 1999 年底，国务院正式成立了国家煤矿安全监察局（2020 年更名为国家矿山安全监察局），这些不断完善的规章制度，不仅让企业在生产时有法可依，而且我国的安全生产体系也得到了逐步的建立，为我国煤矿安全生产提供了制度保障。但由于煤矿生产设备相对落后，相关技术发展不够成熟，机械化程度低，大多数生产活动仍需要依靠人工，加之矿工的综合素质和安全意识等问题，没有得到相应的解决，此阶段我国的煤矿应对风险的能力还是十分薄弱，仍存在结构性的安全问题。安全生产完善阶段为 2000 年至今，自步入新世纪以来，我国经济得到了飞速发展，同时在政治平稳的背景下，我国的工业发展势头迅猛，煤矿市场发展繁荣，这给企业带来了有效的经济效益，进而煤矿安全生产得到了充足的保障。另外，随着计算机等信息技术的迅猛发展，煤炭开采技术也得到了飞速发展，开采模式从原始的人工开采逐渐向机械化、自动化、智能化转型，安全事故的发生率也得到了极大的减少，2021 年事故发生率相比 2012 年下降 75.8%，煤矿连续 6 年未发生特别重大事故。

自 2020 年 9 月 22 日，国家主席习近平在第七十五届联合国大会上宣布，中国力争 2030 年前二氧化碳排放达到峰值，努力争取 2060 年前实现碳中和目标，自此煤炭企业安全生产又有了新的发展指南。

煤炭作为我国最重要的基础能源和能源安全的压舱石，必须走智能绿色低碳开发利用创新之路，以煤矿智能化为标志的煤炭技术革命和技术创新成为行业发展的核心驱动力，煤炭资源智能绿色开发与清洁低碳利用是发展主题，技术创新将支撑煤炭资源成为最有竞争力的能源和原材料资源。在"双碳"目标背景下，煤炭行业需要在全面保证能源安全的基础上，提升以智能化为支撑的煤炭柔性生产供给保障能力，建立智能化煤矿，实现新时期、新煤炭、新格局高质量目标。集大力研发重点设备，重点升级核心基础零部件、工艺和材料，通过突破精准地质信息系统及随掘随采探测技术与装备、智能化无人开采、矿山机器人、煤矿物联网等难关实现无人采煤，做到煤矿决策的智能化和运行的自动化，使矿山生产中一切潜在式的风险和伤害因素处于可控范围，真正实现矿山安全生产的精益化。

1.2 露天煤矿企业安全高效开采背景

1.2.1 新常态下矿山企业生产需求转变

近年来随着国内外经济形势的巨大变化，采矿业作为我国第二大产业，而在采矿业中，露天采矿占相当大的比例，如何实现露天采矿降本增效已成为现代化经济体系背景下急需解决的问题。而目前在露天矿开采过程中，面临的一个重大问题就是人工成本，运输成本约矿山运营总成本的 30%～40%，运输成本中卡车所消耗的人工成本约占 10%～20%。人工成本不仅占比较大，而且人员因素对露天矿的生产过程也有很大的影响。另外，在海拔较高的矿山，很多人为操作的机械设备由于高海拔氧气稀薄的因素无法像平原一样正常生产，所以导致这些矿山生产效率远低于低海拔地区的矿山。为降低矿山开采的成本，解决矿山开采复杂度、危险度比较高等问题，目前许多矿山企业急需将具有自动化、高效率、成本低、可靠性高、安全性高等特点的无人驾驶设备引入到矿山开采过程中。在露天矿开采过程中，露天矿生产计划实施是通过采运设备来完成，主要是通过对运输设备的分配调度来进行的。

在科技迅猛发展强大的推动力下，无人驾驶卡车和卡车智能调度系统是实现露天煤矿无人运输、智能开采的重要内容，无人驾驶卡车是执行者，智能调度系统是指挥者，两者相辅相成，缺一不可。随着无人驾驶技术不断成熟和各大企业的研发投入，单台卡车的无人驾驶技术将日益完善并推广应用，而作为无人驾驶卡车集群协同作业超级大脑的智能生产调度严重滞后。唯有建立信息技术、人工智能和传统矿业相结合的应用系统，才能将露天煤矿建设成为国际一流的资源节约型、环境友好型的新型智慧矿山，进而促进中国特色矿业智能化产业体系的完善。

1.2.2　露天矿无人开采技术研究现状

（1）国外研究现状。纵观世界自动化采矿及无人驾驶方面，全球英澳矿业巨头力拓集团（Rio Tinto Group）处于全球领先地位。Rio Tinto Group 公司开始用无人卡车运送铁矿石，但这些卡车都是司机通过远程遥控完成运输工作，使运送铁矿石的无人驾驶卡车提速 6%，并且减少了更换司机带来的影响，大约降低15% 的成本。加拿大国际镍公司研制出一种地下通信系统并在斯托比（Stobie）矿试用，该矿的多种机械设备都达到了无人驾驶的状态，如铲运机和地下汽车。工人可以在现场远程控制这些设备，并且整个地下矿区基本上不需要操作人员。日本机械制造商小松引入装载质量 100t 的大型无人驾驶矿用自卸卡车，在加里曼丹岛进行了试运行。俄罗斯别拉斯（BELAZ）矿用设备生产商已完成了巨型无人驾驶矿用自卸车样车的生产，其载重量达到 360t，但该样车还需要解决遥控距离的问题。其他很多国家也在同步制定矿山智能化的发展规划，瑞典制定了提高矿山自动化水平的战略计划。来自宾夕法尼亚州的美国 Rajant 公司为了无人驾驶设备的准确、快速使用，开发了无线网状网络。近年来，卡特彼勒、小松、山特维克等国际知名的采矿设备公司一直在积极开发智能采矿设备和相关系统，这些智能设备和系统在市场上的使用，促进了这些采矿设备公司从单个设备供应商逐步转变成技术解决方案供应商。

（2）国内研究现状。目前国内参与矿区无人驾驶卡车的企业主要有 5 类。
1）大型采矿企业，如洛阳钼业、神华集团等。目前国内智能矿山最靠前的矿山企业是洛阳钼业，该矿区在智能开采区投入无人驾驶的纯电动矿车开始使用，大大提高了生产效率。2018 年 11 月，神华集团哈尔乌素露天煤矿就"矿用自卸车无人驾驶系统"进行了项目公开招标，这也是国内首次大型矿山企业针对无人驾驶进行公开招标。2）矿用车生产企业，如北方股份、中国中车等。在 2018 年，由北方股份研制的首台国产无人驾驶电动轮矿用车进入矿山测试，该无人驾驶矿用车不仅可以精准地倒车入位和停靠，还可以自主避让障碍物。3）数字矿山装备企业，如东方测控、迪迈科技等。东方测控实施的马钢张庄矿区无人驾驶项目，实现了无人驾驶电机车在井下自主工作、自主避让障碍物等功能，减少了马钢张庄地下矿区 30 多名工作人员，提高了设备工作时间和矿山安全性等。4）智能驾驶创业公司，如踏歌智行、西井科技、慧拓智能等。北京踏歌智行在鄂尔多斯达拉特旗的大唐宝利矿区率先采用我国自主研发的 5G 矿车无人驾驶系统，数十辆矿车在矿区自由穿梭，并且实现 24h 不间断作业，挖矿作业井然有序的运行，露天矿山和矿车里却看不到矿工的身影，成为一座高效的智慧矿山。5）其他企业，如跃薪智能等。所有的无人驾驶车辆不再需要整个监控中心、整个调度中心的人工远程驾驶，全自动运行，尤其是在负载、避障方面，河南跃薪科技的智能矿车达到了国际领先水平。未来，河南跃薪还要继续研发真正的无人操控的挖掘机、无人操控钻机，从而打造一系列绿色智能的无人矿山机械。

由于矿山开采复杂度、危险度比较高，矿山企业已逐步选择无人化开采，实现智慧矿山、无人矿山。当前国内外露天无人开采研究处于起步阶段，已经取得良好的效果，但已有研究对无人驾驶卡车背景下的车流分配调度理论、卡车调度中多目标车流分配调度模型研究鲜少。

1.3 云服务下露天矿智能生产管控及智慧决策关键技术框架

露天矿智能生产管控及智慧决策关键技术将配煤作业计划，采、装、运、卸生产调度以及运输量自动计量统计与管理集成为一体，采用物联网、大数据、人工智能等新一代信息技术，实现对采、装、运、卸生产过程的实时数据采集、判断、显示、控制与管理，对配煤计划实施动态智能优化，实时监控和智能调度卡车、挖机等设备的运行，实时对采煤生产的数据进行智能监测及智能控制，从而形成一种信息化、智能化、自动化的全方位的新型现代露天煤矿智慧云生产管理决策系统。云服务下露天矿智能生产管控及智慧决策关键技术框架图如图 1.1 所示。

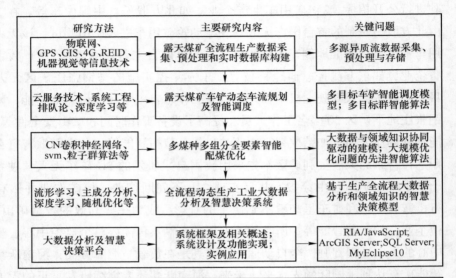

图 1.1　云服务下露天矿智能生产管控及智慧决策关键技术框架图

2 基于物联网的露天煤矿全流程生产数据采集

2.1 数据预处理

确定了数据计算平台之后，就需要对获取的数据进行相应预处理。首先要对来自 GPS、RFID、边坡监测、三维地质数据采集等多传感器的数据进行数据预处理，将各传感器的输入数据通过坐标变换、单位变换而转换到同一坐标系中，亦将属于同一状态的数据联系起来。数据在采集或者传输中总是存在不完整、含有噪声和不一致数据的问题，造成这一现象的原因有很多，可能是数据传输中出现错误、也可能是技术的局限性，或者是人为的因素等。因此如何获得全面的比较完整的边坡检测数据是一个要解决的重要问题，这就需要先将采集而来的数据进行预处理。对数据的预处理包括：去除噪声、恢复残缺数据、修改或剔除不一致数据。通过数据的预处理以保证数据的完整性、协调行和一致性，最重要的一点是能够把多源数据转化为格式统一的形式以便进行下一步处理。数据预处理的常用方法包含时间同步、噪声情况，数据补充 3 个部分。

2.1.1 多源监测数据时间同步

岩体破坏灾变监测主要是依靠传感器、声波等检测设备，它们在岩体破坏区域的监测数据从形式上构成一个虚拟的数据场，这些场内数据随机融合，节点状态切换等依赖于场内时间同步，缺乏准确的时间同步机制，场数据难以为用户提供有效服务。数据场中，每个数据节点主要利用无线传感器中的晶体振荡器来维持本地时钟。由于晶体振荡器的频率存在偏差，以及外界环境（如温度、压力的变化和电磁波的干扰等）的影响，在运行一段时间后，数据场中往往会产生时间漂移和时间偏移。

多源异质流数据时间同步的精确度主要受到以下因素的影响：多源异质流数据时间同步采取的策略；服务器端与客户端时钟系统的精确度；服务器端与客户端运行的操作系统；服务器端与客户端所运行的 DBMS；服务器端与客户端的网络状况等。现行的多源异质系统使用的数据同步策略主要有基于快照差分算法的数据同步策略与基于日志分析的数据同步策略。基于快照差分算法的策略不但需要消耗同等数量级的存储空间和 I/O 开销，而且需要大量的时间进行数据的排序、分析和比对，特别是对于大数据量的快照差分，数据同步的效率会急剧下降；基于日志的数据同步策略虽然效率会提高，但是对数据日志的分析一般难以实现。本书在触发器的基础上，将时间戳技术运用到其中，提出了一种基于时间戳和触发器的数据同步策略。

首先，针对每一组流数据，获取每个数据点及其采集时刻；因为异构数据源的类型不确定，可以采用函数的方法，实现触发器的自动建立，可事先针对不同的数据库系统分别建立不同的函数。其次，在目前常用的数据同步策略中，传输对象都是以单条记录为最小记录单位的，当数据源表中某一个字段发生变化时，会把该条记录的内容全部发送给目的端，这种处理方式导致数据的传输冗余量太大，严重的增加了网络的负载，影响了数据同步的效率。所以考虑将监视发送对象缩小到字段，在传输的过程当中只把变化字段的内容发送给目标端，平衡网络的负载。最后，同步模块依据不同的数据同步策略负责数据的同步，转换模块根据用户的配置和任务管理模块进行数据的转换，时间同步模块按照统一时钟周期，对拟合后的流数据进行采样和存储，图 2.1 展示了流数据时间同步流程。

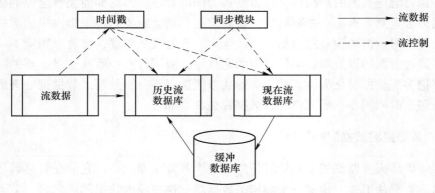

图 2.1 流数据时间同步流程

（1）当修改数据的记录时，触发器被触发，将操作的时间、类型、修改的值以及记录的标示写入源操作表当中。比如，当修改源表的某条记录的一个字段时，查找源操作表是否有关于该字段的修改记录（字段 Data_primary 和 Name_column 的值必须完全匹配），如果有则直接在该记录上修改（Type_oper 字段值为 U），并将修改的值填入 Data_column 字段即可，如果没有则在源操作表插入一条记录即可。同理，当在源表中删除一条记录时，查找源操作表是否有关于该记录的信息（只要字段 Data_primary 匹配），如果信息表明该记录是新插入的（即该记录信息中有一个 Type_oper 为 I 的记录），把找到的所有记录删除即可，如果该记录不是新插入的（即不能找到该记录信息中有一个 Type_oper 为 I 的记录），则将信息写入源操作表（字段 Type_oper 值为 D）。

（2）同步模块将根据源操作表的内容和修改时间字段的值，更新临时数据表中的内容（临时数据表相当于临时中间数据缓冲区），实现了临时表和源数据的同步，并返回从系统新时钟读取的更新的时间 New_Update time（其值也就是字段 Update_time 的值）。

（3）将源操作表当中字段更新时间的值小于新更新时间的所有记录删除。

2.1.2 多源监测数据噪声清洗

噪声数据清洗是根据一系列的逻辑或规则，对流数据进行检测处理，一般处理结果为：通过、修复、丢弃。对历史流数据噪声清洗一般采用卡尔曼滤波方法。

首先，根据噪声数据源与流数据之间的关系，选取合适的时间窗口，扫描窗口内的流数据，求出噪声数据的谐波频率及对应的幅值相位，重构噪声流数据，实现噪声流数据的初步清洗和过滤。其次，对剩下的噪声可以作为加性噪声来处理，采用卡尔曼滤波反馈控制和递归计算原理，实现流数据的实时滤波及清洗。图 2.2 为数据噪声清洗流程。

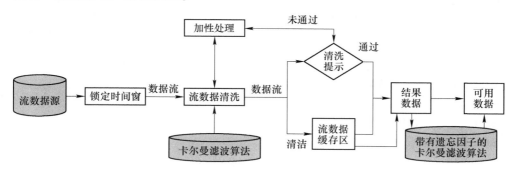

图 2.2　基于卡尔曼滤波的噪声数据清洗流程

卡尔曼（Kalman）滤波分析方法的主要用途是滤除掉各种随机产生干扰噪声，从而去逼近真实过程信息，并通过反馈修正当前值，用于进一步对系统的控制。对于边坡工程预测预报问题，是要通过将现时刻的位移观测值和历史变形规律相结合，从而来给出预测预报值的。这需要长期不间断地观测以及数据采集后的分析、判断。然而，由于监测仪器在数据采集的阶段或者数据通过介质进行传递的过程中，都不可避免地会受到信道噪声的影响和数据突然丢失的影响。这些随机因素的干扰往往会降低整个系统可靠性和正确性。因此，如何在观测数据的处理中滤除各种随机干扰，得出真实的数据规则，就显得尤为重要，这直接关系到外推预报工作的精确度。而卡尔曼滤波方法就是这样一种有效的方法，它可以去除噪声，还原出丢失数据。卡尔曼滤波方法的另一个重要特征是通过不断更新的观测数据来进行实时预报。它是一种带有实时反馈性的预测预报，根据近段时间里更新的边坡系统中特征向量来修正建立预报模型，使得观测误差得到及时校正，确保了整个系统的预报精度。

2.1.3　多源监测数据缺失补充

在统计学中，数据缺失是影响统计数据质量的一个重要方面。如何对缺失数据进行处理一直是统计学家们感兴趣的话题。在统计推论中，缺失数据会导致出现估值偏差，以及估计方差增大，使得数据的说服力下降。同时由于各种干扰因素的影响，缺失数据已经成为一种不可避免的现象，因此必须开展对缺失数据问题的研究。处理缺失数据的具体方法很多，大体上可以分为两种，一种方法是数据操作人员或领域内的专家根据已有的知识经验人工在缺失数据的不为填充合理的预期值；一种方法是根据依据统计学原理，根据现有数据的分布进行填充数据，比如填充某个默认值或平均值。

在此介绍一种 EM（expectation maximization，期望最大化）算法，算法的基本思想是首先估计出一个初始的缺失数据值，然后在不断迭代中更新缺失数据的值直到收敛，计算出对缺失数据的最大数学期望。具体算法流程为：

／＊ Algorithm EM：

输入：观察数据 $x = (x^1, x^2, \cdots, x^k)$，联合分布 $p(x, y|\theta)$，条件分布 $p(z|x, \theta)$

输出：模型参数 θ 的最优值

STEP1：初始化参数 θ 的初值 θ^0

STEP2：重复 STEP3、STEP4

STEP3：计算联合分布的条件概率期望：

$$Q_i(y^{(i)}) = P(y^{(i)}|x^{(i)}, \theta^j)$$

$$L(\theta, \theta^j) = \sum_{i=1}^{m} \sum_{y^{(i)}} Q_i(y^{(i)}) \log P(x^{(i)}, y^{(i)}|\theta)$$

STEP4：重新计算模型参数：

$$\theta^{j+1} = \arg\max_{\theta} L(\theta, \theta^j)$$

其中，z 是未观测数据，STEP3 叫作 E 步，求期望；STEP4 叫作 M 步，求极大化。

2.2　多源异质生产数据集成表示与建模

以生产计划编制为主线，综合考虑矿产资源、开采进尺、开采生产时空顺序、卡调监测、边坡监测等因素，将三维地质块体模型与生产计划数学模型进行关联，并与消耗性资源、技术经济信息进行集成，全流程生产数据模型的构建过程主要涵盖 3D 矿床地质块体模型处理器、开采生产过程转换器、开采生产过程处理器以及生产计划模拟处理器 4 个主要功能，全流程生产计划信息模型的体系结构如图 2.3 所示。

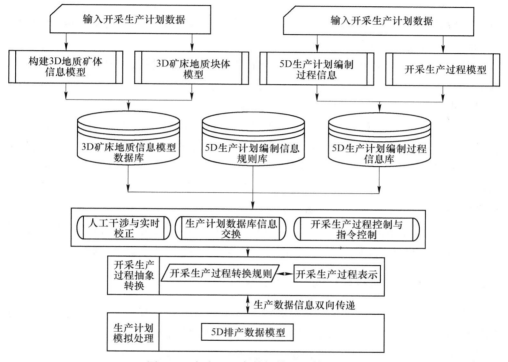

图 2.3 全流程生产数据模型的体系结构

2.2.1 全流程生产数据模型的功能模块

（1）3D 地质块体模型。3D 地质块体模型是对整个矿床采剥生产过程静态描述和生产计划优化编制的实体模型。它由矿岩地质体和开采生产资源组成。按照层次结构可将矿岩地质体和开采生产资源划分为不同的要素。因此要素可分为地质要素和采场生产设备要素。地质要素是用于描述采场的三维矿岩实体。采场生产设备是在露天采场进行矿岩采剥生产的基本设施，主要包括生产机械设备、临时建筑物等。每个要素具有唯一的编码标识，并赋予属性要素，是生产计划编制与优化的基本单元。

（2）开采生产过程模型。开采生产过程模型是实现露天矿山企业全流程生产数据模型的采剥过程管理功能，通过该功能可实现露天矿山采剥生产计划编制和优化需要的一些活动、任务等变更操作。该操作主要涵盖开采生产计划信息和开采生产过程信息。

开采生产计划信息主要包括开采生产进度编排和开采生产设备、消耗性资源以及采场编排等信息。这些采剥信息依据不同的数据类型保存至排产计划时空数据库中，根据开采时期的不同，实现开采生产计划信息的自动更新。开采生产计划信息中还包含了开采块体对象、采掘生产设备和采场等三维对象和排产进度、开采时空顺序等时间信息。

开采生产过程信息是对开采时间属性的获取和表达过程，依据开采生产过程转换规则，记录各个组件对象在开采生产周期上的具体空间位置以及时态变化的语义数据信息，实现 3D 矿床地质块体模型与开采生产计划的关联。

（3）开采生产过程抽象转换。开采生产过程抽象转换是实现 3D 矿床地质块体几何模型、开采生产过程信息以及全流程生产数据模型的接口。在开采生产过程转换器的控制下，采剥生产数据信息和开采生产计划模型之间实现数据参数的传递和交换。过程转换完成全流程生产数据模型与开采生产过程的双向传递，实现数据的双向通信和反馈传输功能。

（4）生产计划模拟处理。生产计划模拟处理是实现全流程生产数据模型的模拟和处理，确定 3D 矿床块体在不同的开采时段或不同时期上的状态。

2.2.2　全流程生产数据模型的属性变化特征

全流程生产数据模型作为露天矿山企业生产计划数学模型构建与优化求解的基础信息来源，其主要涉及时空属性和技术经济属性信息。在开采生产过程中，这些属性均发生着不同程度的演变，其属性信息的演变过程如图 2.4 所示。

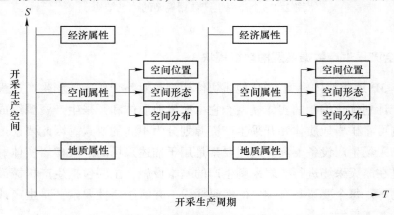

图 2.4　全流程生产计划的属性信息演化过程

整个流程中主要包含三个属性，分别是 3D 地质块体属性、开采生产空间属性和开采生产计划经济属性。3D 地质块体属性包含了开采过程中不同开采周期或时间点产生的矿体几个变化和地质品位数据；开采生产空间属性通过获取开采生产任务、开采生产活动、开采生产设备以及块体开采进尺位置等相关属性之间的空间信息，进而涵盖台阶、块体的开采位置，矿体采剥后的形态结构以及高低品位矿石的分布特性；开采生产计划经济属性包含了开采生产计划模型优化与进度计划编制过程中所涉及的企业资金投入数据、矿产品价格、生产和销售成本、投资风险价值等经济属性。

（1）全流程生产数据模型变化过程。露天矿山企业生产过程是一个实时动态过程，3D 信息模型具有明显的空间特征，除了矿床地质体的空间特征，还涉及生产数据、开采成本、矿产品价格以及消耗性资源分配等组成的数据信息。而矿山采剥生产过程是以时间变化为基础的连续或离散过程，在不同的开采时刻或时期处于不同的开采状态，如图 2.5 所示。

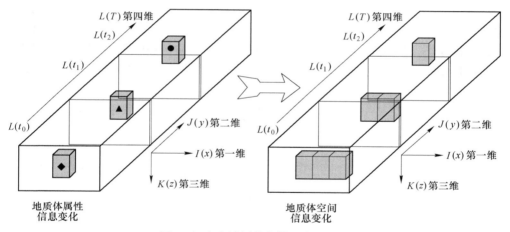

图 2.5　生产计划信息模型变化过程

（2）全流程生产数据模型仿真原理与关键技术。全流程生产数据模型是将 3D 地质矿床块体模型与开采生产进尺时间、企业资金时间、数据库存储标记时间进行整合管理，以 3D 地质块体模型的变化形式反映开采生产进尺活动，并可利用计算机模拟技术和可视化方法，通过开采生产的时间和空间 2 个方面来仿真矿体的开采生产过程。全流程生产数据模型的仿真过程主要包含 3 个层面的信息，即数据层、模型层和控制层。数据层负责生产数据的组织管理、存储优化问题；模型层负责从现实开采生产施工信息和开采进度计划信息中分离抽象出高度量化的数学模型、技术经济参数和空间几何对象位置以及时间属性，以全流程生产数据模型为基础，从而构建出符合矿山实际要求的全流程生产计划模型与约束条件；控制层负责查询和导入开采生产工程属性、对象几何属性、技术经济数据，实时调用接口访问动态变化数据的存储、更新和参数等。

2.2.3   基于空间-时间-属性的块体多源异质流数据时空模型

空间数据模型是人们为了一定的应用目的，根据自己对客观空间世界（或称地理环境）的认识，以数字数据形式建立起对客观空间世界的模拟系统。最常见的办法是将客观空间世界模拟为由完整语义（主要是地理语义）的空间实体构成的集合。空间实体具有一定可以区别的特征且相互发生联系。当前的空间数据库一般存储研究范围内全体实体某一时刻的状态（全局快照），缺少对空间世界过去、未来数据的模拟，是一种时间语义缺乏的静态数据库。空间实体的完整语义包括属性、空间和时间3个方面。空间数据模型中的时间语义主要包括状态数据的时间维印象、空间实体时间相关性、状态变化规律变化类型的时间维时间表现。这种带有较强时间语义的空间数据模型即称为时空数据模型，时空数据模型是时态 I 的核心。其特点是语义更丰富、对现实世界的描述更准确，其物理实现的最大困难在于海量数据的组织与存取，本质特点是"时空效率"。因此可以定义时空数据模型为：时空数据模型是一种有效组织和管理时态地理数据、属性、空间和时间语义更完整的地理数据模型。时空数据模型层次体系如图 2.6 所示。

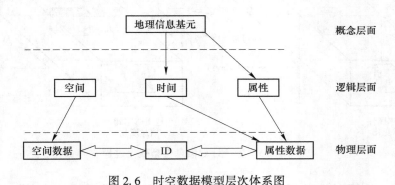

图 2.6   时空数据模型层次体系图

语义层次提出时空数据模型概念框架如图 2.7 所示。

随着数字地球的发展，TGIS（时态地理信息、系统）海量数据的处理必然导致数据模型的变化和改进，甚至是根本性的变化。对 TGIS 数据模型的研究可以本着两种思路进行平行探索：综合模型和分解模型。先用分解模型思路针对典型应用领域（如土地利用动态监测）进行全面研究，同时不断丰富、充实综合模型，最后得到一个比较完善的综合模型。舒红（1997 年）提出一个合理的时空数据模型必须考虑以下几方面的因素：节省存储空间、加快存取速度、表现时空语义。其中时空语义包括空间实体的空间结构、有效时间结构、空间关系、时

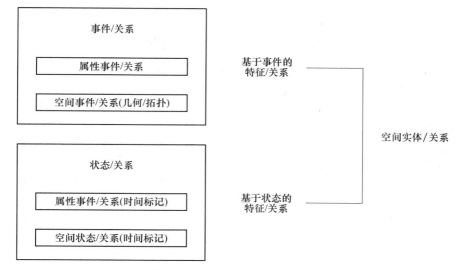

图 2.7 时空数据模型概念框架

态关系、地理事件。时空关系的基本指导思想是：

（1）根据应用领域的特点（如宏观变化观测与微观变化观测）和客观现实变化规律（同步变化与异步变化、频繁变化与缓慢变化），折中考虑时空数据的空间/属性内聚性和时态内聚性的强度，选择时间标记的对象（即如何标记时间、对象粒度）。对于属性，有属性数据项时间标记、实体时间标记、数据库时间标记；对于空间，有坐标点时间标记、弧段时间标记、实体时间标记、数据库时间标记等。本书采用的是属性数据项时间标记和空间实体时间标记两种方法。

（2）同时提供连续（变化不活跃）、离散（变化活跃）数据建模手段（静态、动态数据类型和操作）。当前、历史等不同使用频率的数据分别组织存放，以便存取。一般地，将当前数据存放在本地机上，而将历史数据存放在远程服务器上。本书采用记录变化规则和事件来连续和离散地描述实体变化的真实情况。

（3）数据结构里显式表达两种地理事件：空间实体进化事件和空间实体存亡事件。地理事件以事件发生的相关起始（源）状态和终止状态表达。构成空间实体存亡事件的源状态由参加事件的实体标识集合表示。时间的本质为事件发生的序列，地理事件序列直接表明空间时间语义。常见的状态变化查询即地理事件查询。本书在设计的模型里采用"事件"来显式得表达实体进化和存亡，更准确地体现时空变化语义。

（4）时空关系揭示了空间实体在时间和空间上的相关性。为了有效地表达时空关系，需要存储空间实体变化规则和类型（change rules）。本书采用记录空间实体变化规则来简要描述时空关系，根据空间实体父子关系确定相应变化规则。

在将岩体划分为微小的空间块体单元的基础上，根据多源异质流数据的时空特性，构建多源异质流数据空间块体模型。依据数据源之间空间影响度关系，确定多源同质数据源空间块体模型粒度和重构融合方式，实现多源异质数据源时空关系下空间块体单元的最小化；在多源异质数据源空间块体结构的基础上，对每一个数据源空间块体单元加入时间和监测属性，构建基于十六叉树时空结构的流数据时空模型。

首先，确定多源异质流数据的空间分布范围，计算出多源异质流数据的最大空间边界，在空间边界内，拟依据数据空间影响度大小来确定数据空间块体的划分粒度，根据时空流数据的多源属性特征，基于线性十六叉树构建岩体破坏时空块体体元数据的数据结构，对体元数据进行统一时空编码，并构建相应的解码模型，实现岩体破坏流数据二进制编、解码，从而解决多源异构时空数据集成统一存储和编码，如图 2.8 所示。

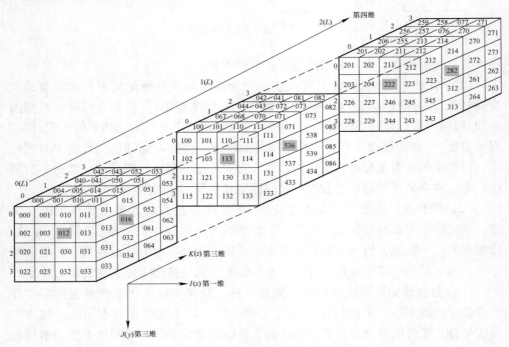

图 2.8 岩体破坏流数据十六叉树编码

然后，为了减少块体单元编码与解码数据存储计算过程中的计算量，拟利用伽罗华有限域理论，构建有限域块体的二进制编码矩阵，提出二进制编码与解码的低计算量优化算法，二进制编码过程如图 2.9 所示，拟着重解决海量岩体破坏时空数据的存储访问编解码效率问题。

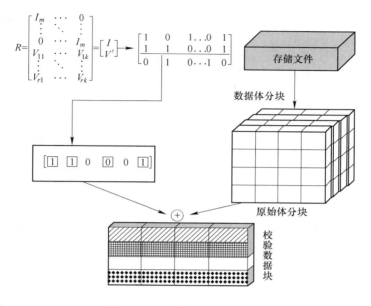

图 2.9 二进制矩阵编码过程

最后，分析岩体破坏多源异质流数据的存储特点，进行数据库引擎模式设计，设计时空块体单元及多维属性数据集成存储结构及访问方法，块体海量数据统一存储处理过程如图 2.10 所示，拟提出一种通用的自适应多维数据存储结构和方法，着重解决多维时空数据的统一管理、统一存储问题。

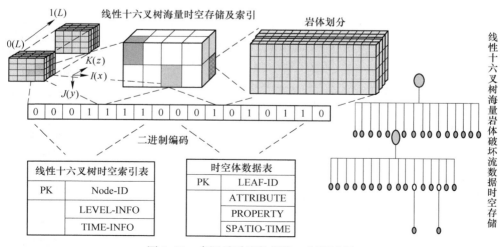

图 2.10 多源异质流数据统一存储过程

2.3 露天矿全流程生产计划数据组织与数据库优化

2.3.1 露天矿时空对象要素分类

露天矿采剥生产活动是一个复杂对象要素相互制约的过程，根据开采对象的时空位置和属性数据的多样性特点，可将这些时空对象要素抽象表达为点对象、线对象、面对象和体对象。其中，点对象涵盖了钻孔点、勘测点、采运设备以及作业人员等；线对象同时具有时间属性和空间位置特征，包括开采过程中的台阶、条带、勘探线、开采推进线以及运输道路线等；面对象具有二维平面数据特征，包括开采工作面、采场剖面和地表面等；体对象具有时空属性特性的对象，包括矿岩体模型、块体模型等。针对上述描述的四类时空对象的属性数据特征和分类组织方式，露天矿时空对象要素可分为静态要素和动态要素两类，如表2.1所示。

表 2.1 露天矿时空对象要素分类

对象名称	类　型	属性特征	实　例	备　注
点对象	静态数据	数据参数为常量	勘测点	具有不随时间变化的绝对参考坐标
	动态数据	动态变化的时态数据	人员、采运设备、钻孔点	随时间变化的相对参考坐标和属性变化
线对象	静态数据	数据参数为常量	开采推进线，运输道路线	空间坐标位置固定
	动态数据	根据点对象集合构成的线性数据	台阶高程、勘探线、采运线路	由边坡角和面构成，由钻孔点、设备移动点等构成
面对象	基本面元数据	内部特征不显著	围岩，黄土层	空间属性数据固定
	动态面元数据	由线对象集构成	开采面，地质剖面，原始地表	开采形态随时间变化，由地质数据和地表线构成
体对象	基本实体对象	内部特征不显著	岩体	确定的对象空间位置
	变化实体	时空、属性数据变化显著	台阶、条带和块体	矿石品位、开采状态随时间而变化，采运设备移动

2.3.2 露天矿时空对象数据获取方法

根据露天矿时空对象要素分类以及生产计划优化要求，露天矿生产计划数据类型错综复杂，利用常规的数据采集方法，主要从地质资料数据、3D 地质模型、地质数据库和生产管控系统中获取数据，如表 2.2 所示。

表 2.2　露天矿时空对象数据获取方法

时空对象类型	露天矿数据对象	数据获取方法
点对象	勘测点、人员、采运设备、钻孔点	地质资料，无线定位，地质数据库
线对象	开采推进线、运输道路线、台阶高程、勘探线、采运线路	地质资料，监测系统，绘图资料
面对象	围岩，黄土层开采工作面，地质剖面，原始地表	地质资料，测量系统
体对象	岩体、台阶、条带和块体	地质资料，测量系统

2.3.3 全流程生产计划数据访问接口技术

全流程生产计划建模与仿真优化的数据包含静态数据与动态数据。一般而言，静态数据量较大，且只需一次导入模型，使用过程中不会随时间变化而变化，但这类数据的时空索引和更新频度较少。而随时间变化的动态数据需要根据开采生产进尺和矿床块体位置的变化而进行动态更新和实时导入模型。且该类数据需要实时采集和处理，因此，在对象关系数据库中构建不同的关系表来存储全流程生产计划数据，将原有矿山企业以文件管理方式下的多源异构生产数据存储到关系数据库管理系统，需要重新分析空间数据在文件数据管理方式下的数据结构，然后按照数据结构的不同，在对象关系数据库中建立不同的关系表来存放相应的时空数据。

在露天矿山企业生产计划编制与优化过程中，除了对企业内部的采场矿岩地形数据、矿石品位数据的采集外，还会涉及企业外部市场环境的数据传递与共享，以达到全矿山企业生产与经营管理数据的全面统一、无缝流动和实时共享，该系统与生产计划数据组织管理的信息接口访问技术框架与规范如图 2.11 所示。

2.3.4 全流程生产计划时空数据库设计

（1）全流程生产计划数据库的概念模型。露天矿山企业全流程生产计划概念模型是对生产现场的抽象描述，根据矿山生产计划类型和企业生产目标，对矿

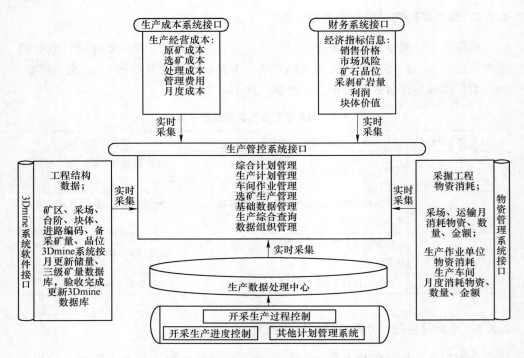

图 2.11 全流程生产计划数据接口访问技术框架与规范

山实体对象之间的关系进行概念化，该模型中的实体对象的几何关系、开采位置、对象变化以及矿体对象之间具有多样化联系，包括一对一、一对多和多对多联系，用 1-1，1-m，m-m 表示，此处不予详述。构建的全流程生产计划的概念模型如图 2.12 所示。

（2）全流程生产计划数据库的逻辑模型。露天矿山企业全流程生产计划数据库逻辑模型主要依据关系表实现。关系表是时空数据库中组织与管理基础数据的基本逻辑结构。露天矿山企业全流程生产计划优化与编制涉及复杂的时空属性数据，主要以具有时间特性的 3D 地质空间数据关系结构，即构建具有开采时间、进尺时间等起止时间属性的工程实体、地质实体、开采实体、辅助生产实体和用户实体关系数据表，以及具有空间特性的空间数据关系结构，即构建具有开采空间坐标和位置的采场区域变化和矿岩量的关系数据结构；同时构建具有企业资金时间价值、数据库存储标记时间和生产计划时间粒度数据等的技术经济指标数据关系结构。

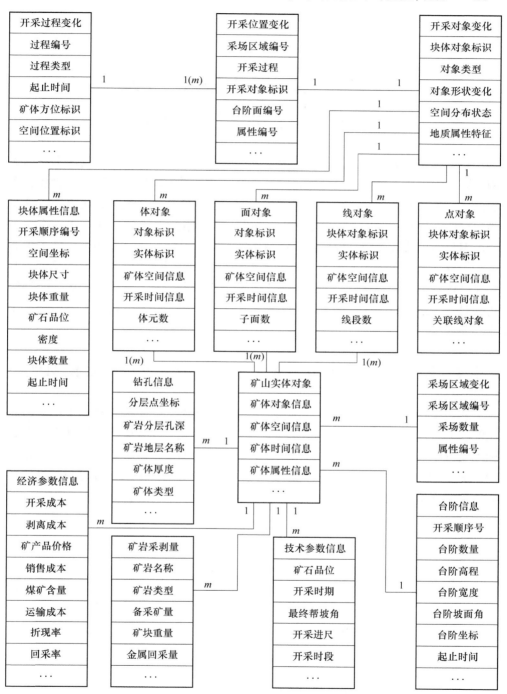

图 2.12 全流程生产计划的概念模型

3 露天矿无人驾驶卡车
多目标车流分配调度

基于露天矿无人驾驶卡车车流分配调度的问题和挑战，在无人驾驶卡车运输相关联的多信息系统数据充分融合的基础上，考虑露天矿地上交通安全管控、车辆定位、装卸量的控制等功能，更主要是通过技术融合和流程信息化再造实现车辆运行无人化自动调配、车辆数据统计分析、智能化管控，建立露天矿无人驾驶卡车多目标车流分配调度模型。传统露天矿卡车多目标车流分配调度模型不再适用无人驾驶卡车背景下的智能矿山生产开采车流分配调度，为实现上述目标，本章通过传统车流分配调度模型以及无人驾驶卡车与人工卡车车流分配调度模型构建的对比，结合新型矿山开采环境，构建出适用于露天矿无人驾驶卡车多目标车流分配调度模型。

3.1 露天矿无人卡车与人工卡车车流分配调度建模对比

在矿山企业实际生产过程中，无论是传统开采模式还是无人化开采模式，企业的收益目标不会改变，开采环境也不会变化。因此，露天矿无人驾驶卡车多目标车流分配调度模型中目标与传统人工驾驶卡车的调度模型中的目标需求是相同的，部分约束条件也是相同的。图3.1为一辆无人驾驶卡车某一段时刻的具体车流分配调度运行图。

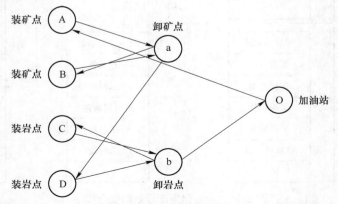

图3.1 一辆无人驾驶卡车某一段时刻的具体车流分配调度运行图

但露天矿无人卡车调度中的车流分配与传统人工卡车车流分配模型也有不同点，露天矿无人卡车调度中的车流分配是一个具有连接复杂、情况变化多端、智能性高的多约束多目标规划问题。露天矿无人卡车与人工卡车车流分配调度模型的不同点主要体现在目标函数和约束条件中。

在目标函数中，与无人驾驶卡车车流分配调度相比，传统人工驾驶卡车的调度在运输成本、卡车总排队时间两个目标相差较大，成分偏差最小目标函数表达几乎相同。因此如何根据露天矿无人驾驶卡车的实际生产情况，建立适合露天矿无人驾驶卡车多目标车流分配调度模型，对露天矿无人化的发展具有很大的研究意义。露天矿无人卡车与人工卡车车流分配调度模型的运输成本最小、卡车排队时间最短两个目标的区别如下：

（1）成本方面的运输成本最小。在传统的人工驾驶卡车中运输成本主要包括卡车消耗费用和人工费用。卡车消耗费用主要包含重、空车运输费用以及维修费用。人工费用主要是司机的工资，一个班次内一个卡车配一个司机。在无人驾驶卡车的背景下，几乎不再考虑人工成本，因此运输费用基本就是卡车消耗费用，卡车费用中的维修费用增加一项检查费用，将修车费用和检查费用平均到卡车单位时间运行的费用。

（2）收益方面的卡车排队时间最短。在传统的人工驾驶卡车背景下，卡车的时间分为：卡车运行时间（仅包含在路上行驶的时间不包含卡车掉头和司机因素停止工作的时间）、卡车排队时间、司机因素带来的停止工作的时间（比如吃饭，休息）、卡车装卸时间、卡车装卸矿石时掉头时间、加油时间。在无人驾驶卡车的背景下，没有了司机因素带来的停止工作的时间，由于新型无人驾驶卡车具有两头都可行驶的功能，所以减少了卡车装卸矿石时掉头时间。但是新型无人驾驶卡车开始工作之前（后）需要对其进行检查，增加了检查时间。

在约束条件中，由于通常设备约束、装卸点产量的约束和品位约束等在无人卡车车流分配调度和传统人工驾驶卡车的调度相同。但在无人驾驶卡车背景下，需要卡车具有自动控制自身油量的功能，所以在露天矿无人驾驶卡车车流分配调度的约束条件中需要增加关于卡车油量自动控制约束。

由此可知传统的人工驾驶卡车车流分配调度模型无法满足新露天矿无人驾驶卡车车流分配调度的多目标的要求，虽说对于当时的调度具有可行性，但是在新型露天矿无人化开采中具有局限性。本书研究的是露天矿无人驾驶卡车车流分配调度，根据露天矿无人驾驶卡车的实际生产情况以及传统人工卡车车流分配调度模型，构建露天矿无人驾驶卡车多目标车流分配调度模型。

3.2　露天矿无人驾驶卡车多目标车流分配调度模型

为解决无人驾驶卡车多目标车流分配调度问题，本书提出了一种通用无人驾驶卡车多目标车流分配调度模型。已知条件与传统露天矿人工驾驶卡车的调度模型的相同，无人驾驶卡车数量为 k。

3.2.1　配调度模型假设条件

露天矿无人驾驶矿卡车车流分配调度过程中，通常会出现多个出矿点同时开采矿石，那么这就涉及出装载点、卸载点协调发展以及空间约束问题。露天矿山一般生产过程中，车流分配调度方案制定过程中对于空间约束和协调发展问题的考虑较全面。因此在构建露天无人驾驶矿卡车多目标车流分配调度模型时，做出如下假设：

（1）无人驾驶卡车在工作中不存在故障，或出现故障及时被同等型号的无人驾驶卡车替换，中间的时间可以忽略不计；

（2）无人驾驶卡车为加油卡车，无人驾驶卡车加油时为空车；

（3）当无人驾驶卡车在卸载点的剩余油量小于 K 时，必须返回加油点进行加油；

（4）无人驾驶卡车空载与重载的速度不同，耗油相差很大；

（5）每个班次最后 20min 为无人驾驶卡车检查时间；

（6）无人驾驶卡车开始时，油箱是满的；

（7）无人驾驶卡车可提前退出系统；

（8）无人驾驶卡车在一个班次中不发生突然停止工作等的情况；

（9）无人驾驶卡车在一个班次内可以装矿石也可以装岩石，但不可以混装；

（10）无人驾驶卡车装载量恰好等于其无人驾驶卡车容量，不可超重，卸载时全部卸完；

（11）对所有无人驾驶卡车来说，一个班次的工作时长为 h，且所有无人驾驶卡车是同一时刻开始工作的；

（12）无人驾驶卡车在装载点时可以去任何一个工作没有饱和的卸载点；

（13）一个班次，电铲固定在某一铲位上不动，卸点不移动；

（14）班次时间为 8h，并且无人驾驶卡车在一个班次内无休息时间；

（15）无人驾驶卡车只能在卸载点和装载点之间运输；

（16）任意装载点到任意卸载点的距离都是最佳距离。

3.2.2 调度模型的目标函数构建

本书根据传统人工驾驶卡车车流调度模型，以及无人驾驶卡车背景下露天矿的实际开采过程，构建以运输成本最小、无人驾驶卡车总排队时间最小、品位偏差最小为目标的露天矿无人驾驶卡车多目标车流分配调度模型。露天矿无人驾驶卡车多目标车流分配调度模型的目标函数如下：

$$F(S) = \text{minimizar}[F_1(S), F_2(S), F_3(S)] \tag{3.1}$$

式中，目标函数 $F_1(S)$ 为运输成本最小值；$F_2(S)$ 为无人驾驶卡车总排队时间最小值。

为了使企业收益最大，设矿石运输成本最小目标，无人驾驶卡车的运输成本的目标函数为：

$$F_1(S) = \min \sum_{r=1}^{k} \left(\begin{array}{l} \displaystyle\sum_{i=1}^{n} \sum_{j=1}^{m} d_{ij} c_{r1} x_{rij} + \sum_{i=1}^{n} \sum_{j=1}^{m} d_{ij} c_{r2} y_{rij} + \Delta T_r c_{r3} \\ \displaystyle\sum_{i=1}^{n} K_{r0i} d_{ij} c_{r2} + \sum_{j=1}^{m} K_{rj0} d_{ij} c_{r2} \end{array} \right) \tag{3.2}$$

为了达到设备使用效率最高，缩短设配的排队时间即可，设无人驾驶卡车总排队时间最小，无人驾驶卡车的总排队时间的目标函数为：

$$F_2(S) = \min \sum_{r=1}^{k} \left(\begin{array}{l} \displaystyle T_{\text{limit}} - \sum_{i=1}^{n} \sum_{j=1}^{m} (Tz_{rij} + Tz) x_{ij} - \sum_{i=1}^{n} \sum_{j=1}^{m} (Tq_{rij} + Tx) y_{ij} - T_1 - \\ \displaystyle\sum_{i=1}^{n} K_{r0i} Tq_{r0i} - \sum_{j=1}^{m} K_{rj0} Tq_{rj0} - \sum_{i=1}^{n} K_{r0i} T_2 \end{array} \right)$$

$$\tag{3.3}$$

3.2.3 调度模型约束条件

无人驾驶卡车车流分配调度约束多目标模型的约束条件与传统人工驾驶卡车车流分配调度模型的约束条件基本相同，但是无人驾驶卡车由于要自动控制油量，所以增加油量监控的约束条件；为了使模型也满足混合矿岩的开采模式，将运输次数要求根据不同规划模式进行了分类，增加了混合矿岩生产模式下的自变量的取值情况。无人驾驶卡车车流分配调度约束多目标模型的具体约束条件如下：

（1）每个卸点的产量要求：

$$\theta_1(x) = \sum_{r=1}^{k} \sum_{i=1}^{n} c_r x_{rij} - f_j \geq 0 \tag{3.4}$$

（2）每个卸载点卸载的容量要求：

$$\theta_2(x) = \sum_{r=1}^{k} \sum_{i=1}^{n} c_r x_{rij} - q_j \leq 0 \qquad (3.5)$$

（3）每个装载点的产量要求：

$$\theta_3(x) = \sum_{r=1}^{k} \sum_{j=1}^{m} c_r x_{rij} - g_i \leq 0 \qquad (3.6)$$

（4）装载点所装车次不能大于一个班次内最大装车数：

$$\theta_4(x) = \sum_{r=1}^{k} \sum_{j=1}^{m} x_{rij} - B_c \leq 0 \qquad (3.7)$$

（5）无人驾驶卡车不能低于最大剩余油量 K 的要求：

$$\theta_6(x) = E_{总} - \sum_{i=1}^{n} \sum_{j=1}^{m} d_{ij} e_{r1} x_{rij} - \sum_{i=1}^{n} \sum_{j=1}^{m} d_{rij} e_{r2} y_{rij} - K \leq 0 \qquad (3.8)$$

式中，K = 卸载点到装载点最大用油量 + 装载点到卸载点最大用油量 + 卸载点到加油点 O 的最大用油量。

（6）运输次数要求：

根据不同开采模式，运输次数可分为两种：

1）单一矿石（岩石）规划。

$$x_{rij}, \ y_{rij} \in \{0, 1, 2, 3, \cdots\} \qquad (3.9)$$

2）矿岩混合规划。n 个装载点分为 p 个装矿点和 $n-p$ 个装岩点，m 个卸载点分为 q 个卸矿点和 $m-q$ 个卸岩点。

$$\begin{cases} x_{rij} \in \{0, 1, 2, 3, \cdots\}, \ y_{rij} \in \{0, 1, 2, 3, \cdots\}, & i \in (0, p), \ j \in (0, q) \\ & i \in (p+1, n), \ j \in (q+1, m) \\ x_{rij} = 0, \ y_{rij} \in \{0, 1, 2, 3, \cdots\}, & 否则 \end{cases}$$

$$(3.10)$$

以上目标函数和约束条件式子中符号意义如表 3.1 所示。

表 3.1　符号意义

符号	说　　明
i	第 i 个装载点
j	第 j 个卸载点
r	第 r 辆无人驾驶卡车
n	装载点的个数
m	卸载点的个数
k	无人驾驶卡车的个数
d_{ij}	装载点 i 到卸载点 j 的距离

符号	说　　明
c_r	第 r 无人驾驶卡车容量
c_{r1}	第 r 车的重载费用（单位距离内）
c_{r2}	第 r 车的空载费用（单位距离内）
c_{r3}	第 r 车的维修费用（单位时间内）
x_{rij}	第 r 辆无人驾驶卡车从第 i 个装载点到第 j 个卸载点的次数
y_{rij}	第 r 辆无人驾驶卡车从第 j 个卸载点到第 i 个装载点的次数
ΔT_r	第 r 辆无人驾驶卡车的运行时间（一个班次内）
T_{limit}	班工作时间或单次优化时间
Tz_{rij}	第 r 辆无人驾驶卡车从第 i 个装载点到第 j 个卸载点的重车运行时间
Tq_{rij}	第 r 辆无人驾驶卡车从第 j 个卸载点到第 i 个装载点的空车运行时间
Tq_{rj0}	第 r 辆无人驾驶卡车从第 j 个卸载点到加油点的空车运行时间
Tq_{r0i}	第 r 辆无人驾驶卡车从加油点到第 j 个装载点的空车运行时间
K_{r0i}	第 r 辆无人驾驶卡车从加油点到第 j 个装载点的运行次数
K_{rj0}	第 r 辆无人驾驶卡车从第 j 个卸载点到加油点的运行次数
Tz	装载时间
Tx	卸载时间
T_1	无人驾驶卡车检查时间
T_2	卡车加油时间
f_j	卸点产量要求（一般取班产量）
g_i	卸载点的卸载最大值
q_j	装载点的总量
B_c	一个班次内装载点至多装车数

　　该无人驾驶卡车多目标车流分配调度模型适用于单一矿石（岩石）规划和矿岩混合规划。在作单一矿石时，模型中的自变量 x、y 均取值为自然数，不受岩石装载点只能到岩石卸载点的限制。但是矿岩混合规划中，由于受到岩石装载点只能到岩石卸载点和矿石装载点只能到矿石卸载点的限制，使得自变量 x、y 取值成为式（3.22）中的表达。

3.3　基于分解的多目标优化算法求解多目标车流分配调度模型

　　快速非支配排序的多目标遗传算法在处理约束多目标问题时解的分布性能较低。2007 年，张富清等人提出基于分解的多目标进化算法（MOEA/D），并通过使用表明基于分解的多目标进化算法在解决约束多目标优化问题中分布性能较好。基于分解的方式主要有 3 种方法：权重求和方法、切比雪夫聚合方法、边界交叉聚合方法。由于与权重求和方法、切比雪夫聚合方法相比，在求解约束多目标问题时，基于惩罚的边界交叉（PBI）的结果最优解应该比权重求和方法、切比雪夫聚合方法获得的最优解分布更加均匀，因此，本书将选用基于边界交叉方法的分解算法。

基于惩罚的边界交叉主要用来处理约束多目标优化问题。在一定条件下，约束多目标优化问题的 Pareto 前沿面是在其可行域中的右上边界的一部分。从几何角度来看，边界交叉方法目的是寻找到最右上面的边界和一组线的交点。由于这组线是均匀分布的，由此产生的交点也具有一定的均匀性。该方法在处理 Pareto 前沿面为非凸面的问题时具有良好的性能。通常取一组从参考点出发的射线。数学表达式如下：

$$\min g^{bi}(x \mid \boldsymbol{\lambda},\ z^*) = d \tag{3.11}$$

式中，$\boldsymbol{\lambda}$ 是一组权重向量，$\boldsymbol{\lambda} = (\lambda_1,\ \cdots,\ \lambda_M)$，对于所有的 $i = 1,\ 2,\ \cdots,\ M$，$\lambda_i \geqslant 0$，$\sum_{i=1}^{M} \lambda_i = 1$；$x \in \Omega$；$z^*$ 为参考点，$z^* = (z_1^*,\ \cdots,\ z_i^*)^{\mathrm{T}}$，对于每个目标 $i = 1,\ \cdots,\ M$，都有 $z_i^* = \min\{f_i(x) \mid x \in \Omega\}$。

基于惩罚的边界交叉方法的数学表达式为：

$$\min g^{\mathrm{bip}}(x \mid \boldsymbol{\lambda},\ z^*) = d_1 + \theta d_2 \tag{3.12}$$

$$d_1(x) = \frac{\parallel (F(x))^{\mathrm{T}} \boldsymbol{R}_i \parallel}{\parallel \boldsymbol{R}_i \parallel} \tag{3.13}$$

$$d_2(x) = \left\| F(x) - d_1(x) \left(\frac{R_0}{\parallel R_1 \parallel} \right) \right\| \tag{3.14}$$

$$\boldsymbol{W} = \binom{M + p - 1}{p} \tag{3.15}$$

式中，$\boldsymbol{R}_i$ 为权重向量 $\boldsymbol{R}_i$ 的第 i 个元素，其中 $i \in (0,\ M)$，M 为目标函数的个数；$\boldsymbol{R} = [R_1,\ R_2,\ \cdots,\ R_W]$，$\boldsymbol{R} = [R_i^1,\ R_i^2,\ \cdots,\ R_i^M]$，$R_i^1 + R_i^2 + \cdots + R_i^M = 1$；$\boldsymbol{W}$ 为权重向量的个数；R 为一组具有 $1/p$ 的均匀间距的向量；p 为沿着每个目标坐标上的划分线，$F(x)$ 是解 x 的归一化目标向量，$F(x) = (F_1(x),\ F_2(x),\ \cdots,\ F_M(x))^{\mathrm{T}}$。

如图 3.2 所示，d_1 是理想点和解之间的距离，d_2 是 $F(x)$ 和权重向量之间的距离。

MOEA/D 的算法步骤如下：

（1）输入参数，定义参考点，形成初始种群 P_t；

（2）确定与每个参考点最相近的 T 个参考点；

（3）通过复制、改进种群中的解，进而更新相邻解，进而更新种群得到 EP；

（4）从 EP 中删除所有被支配的解；

（5）若满足终止条件，输出结果，若不满足返回步骤（2）。

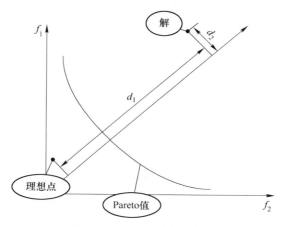

图 3.2　d_1、d_2 距离示例图

3.4　分解约束支配 NSGA-Ⅱ优化算法的设计

为了综合提高 NSGA-Ⅱ求解有约束多目标问题的收敛性、分布性和多样性，提出一种求解约束多目标优化问题的分解约束支配 NSGA-Ⅱ 优化算法（decomposition-based constrained dominance principle NSGA-Ⅱ），利用分解约束（decomposition-based constrained dominance principle，DBCDP）支配概念，在保持 NSGA-Ⅱ中快速非支配排序的基础上，通过基于分解中权重向量将目标空间均匀分割和解到权重向量的距离与约束处理技术相融合，提高种群的分布性和收敛性，然后通过保护稀疏区域的可行解和非可行解提高种群的多样性。

3.4.1　权重向量选取

使用 Das 和 Dennis 提出的系统方法来生成一组均匀分布的权重向量。图 3.3 显示了在具有均匀间隔 $\delta = 1/p$（$p = 5$）的 3 个目标函数优化问题中生成权重向量集合的示例。因此，使用权重公式得到了 231 个均匀分布的权重向量。

3.4.2　种群关联权重向量

在生成权重向量之后，对 R_t 种群个体的目标函数值进行规范化。首先确定要归一化的总体中每个目标函数 f_i 的最小值 f_i^{min} 和最大值 f_i^{max}，以构造向量：

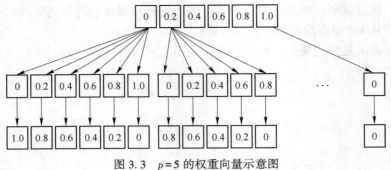

图 3.3 $p=5$ 的权重向量示意图

$$F^{\min} = (f_1^{\min}, f_2^{\min}, \cdots, f_M^{\min})^{\mathrm{T}} \qquad (3.16)$$

$$F^{\max} = (f_1^{\max}, f_2^{\max}, \cdots, f_M^{\max})^{\mathrm{T}} \qquad (3.17)$$

然后对于每个解 x，用式（3.18）计算归一化目标值 $F_i(x)$：

$$F_i(x) = \frac{f_i(x) - f_i^{\min}}{f_i^{\max} - f_i^{\min}} \qquad (3.18)$$

在 R_t 种群个体归一化之后，必须将每个个体关联到 d_2 距离最短的权重向量，并记录匹配到权重向量的解个数，使用 $RP_j(u)$ 表示分配给解 u 的权重向量的解的个数，根据 $RP_j(u)$ 判断解的密度。

3.4.3   分解约束支配排序

3.4.3.1   Deb 约束支配

文献［51］对约束优化问题存在的问题和求解方法进行概括，由 Deb 提出的可行性法则性能表现最好。但在处理不连通的可行域或者前沿复杂的可行域多目标问题时，如果 x、y 为非可行解，仅采用约束违反度选取最优个体，将使算法易陷入局部最优。如果 x 为可行解，y 为非可行解，选取可行解为较优个体，使算法过于保护可行解。Deb 约束支配准则中每个个体仅根据 Pareto 支配、约束违反度两种信息来选取较优个体，这使在稀疏区域并靠近可行区域的非可行解被淘汰，从而导致种群探索未知领域的能力丧失。

3.4.3.2   分解约束支配准则

针对上述分析，将 Pareto 支配、基于分解、约束支配的 3 种方法相融合，提出一种新的支配方式——分解约束支配（DBCDP 支配）。该支配首先使用 Pareto 支配对解进行快速排序，再通过分解和约束支配对等价解进行惩罚。DBCDP 支配主要是根据 Pareto 支配、约束违反度、解的密度 3 种信息来选取较优个体，提高对稀疏区域并靠近可行区域的非可行解的保护。

由于 u、v 两个解的性质不同，分解约束支配可分为 3 种情况。

（1）当 u、v 两个解均为可行解并为等价解时，如果 u、v 匹配到相同的权重向量，则根据 d_1 的值判断解的收敛情况，选出距离理想点最近的解；如果 u、v 匹配到不相同的权重向量，则根据 RP_j 的值判断解的密度，选出距离理想点最近和密度最小的解。

（2）当 u、v 两个解都为非可行解并互不 Pareto 支配时，如果 u、v 依附相同的权重向量，则根据约束违反度的大小判断解与可行域的距离，选择靠近可行域的解；否则根据约束违反度和 RP_j 的值，选择稀疏区域的解。

（3）当 u 为可行解，v 为非可行解时，根据 RP_j 的值判断解的密度，选出稀疏区域的解，从而提高种群探索未知领域的能力。

根据以上 3 种情况的分析，分解约束支配关系定义如下：给定一组权重向量 R，u、v 是种群 P 中的两个解。如果下列语句之一成立，则解 u DBCDP 支配解 v。

（1）u 和 v 同为可行解。

1）u Pareto 支配 v。

2）u 和 v 是 Pareto 等价解。

① $RP(u) = RP(v)$ 并且 $d_1(u) < d_1(v)$。

② $RP(u) \neq RP(v)$，$d_1(u) < d_1(v)$ 并且 $RP_j(u) < RP_j(v)$。

如图 3.4 所示，u、v、y 为可行解并且两两 Pareto 等价，由于 $RP(y) = RP(v)$ 并且 $d_1(y) < d_1(v)$，即 y DBCDP 支配 v。因为 $RP(u) \neq RP(v)$，$d_1(u) < d_1(v)$ 并且 $RP_j(u) = 1 < RP_j(v) = 2$，即 u DBCDP 支配 v。

（2）u 和 v 同为非可行解。

1）u Pareto 支配 v。

2）u 和 v 是 Pareto 等价解。

① $RP(u) = RP(v)$，且 $VFD(u) < VFD(v)$。

② $RP(u) \neq RP(v)$，且 $VFD(u) < VFD(v)$，$RP_j(u) < RP_j(v)$。

如图 3.5 所示，u、v、y 为非可行解但两两 Pareto 等价，由 $RP(y) = RP(v)$，$VFD(y) < VFD(v)$，即 y DBCDP 支配 v。$RP(u) \neq RP(v)$，$VFD(u) < VFD(v)$，$RP_j(u) = 1 < RP(v) = 2$，即 u DBCDP 支配 v。

（3）u 为可行解，v 为非可行解且 $RP_j(u) < RP_j(v)$。

3.4.4 DBCDP-NSGA-Ⅱ算法流程

步骤 1：设定初始值。初始种群为 P_t，决策变量数为 P，目标函数个数为 M，种群个数大小为 N，权重向量大小为 $H = N$，迭代次数为 $t = 0$，最大迭代次数为 D_{max}。在决策空间里随机产生 N 个个体，构成初始种群 P_t，并计算其目标函数值和约束违反度。按照 Das 提出的基于惩罚的边界交叉（PBI）方法生成均匀分布

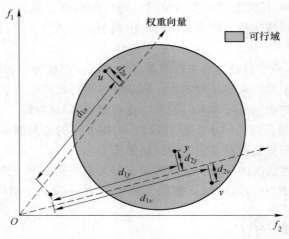

图 3.4　u、v、y 为可行解分布图

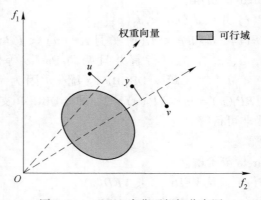

图 3.5　u、v、y 为非可行解分布图

的权重向量集 Z_r。

　　步骤 2：对种群 P_t 进行交叉变异，形成子代 Q_t，计算子代 Q_t 的目标函数值和约束违反度。将父代与子代合并得到 R_t，剔除相同解个体，再进行交叉变异，直到产生 $2N$ 个不同的个体。

　　步骤 3：为 R_t 中的每个解寻找权重向量。

　　（1）对 R_t 进行归一化处理（找出 R_t 中每个目标函数的最小值和最大值形成 F_{min}，F_{max}）。计算 R_t 的理想点 z^*。

　　（2）计算垂直距离 d_1、d_2，并根据 d_2 将每个个体分配到其最近的权重向量，并计算每个个体到权重向量的投影距离 d_1。求出每个权重向量关联解的个数。

步骤 4：排序。

（1）根据 DBCDP 支配方式求每个个体的秩。

（2）根据所求的秩进行严格排序。

步骤 5：锦标赛选择。利用上述排序结果，将 F_1，F_2，…，F_{l-1} 按顺序存储，再对临界层进行拥挤度排序，直到选出 N 个最优个体，形成新种群 P_{t+1}。

步骤 6：清除种群的秩。

步骤 7：当 $t+1$ 大于最大迭代次数，则结束运算，否则返回步骤 2。

3.5　优化算法求解混合矿岩规划模拟算例

3.5.1　初始化设置

本节选用对于露天矿无人驾驶卡车多目标车流分配调度模型具有典型代表性的混合矿岩规划进行模拟算例求解。

3.5.1.1　初始问题编码设计

编码是一个编程求解的首要步骤，也是体现算法程序效率的重要指标。本书对露天矿无人驾驶卡车多目标车流分配调度模型的编码是通过字符方式进行表达，使以最简明的方式展示露天矿无人驾驶卡车多目标车流分配调度方案。

对露天矿中的装载矿点使用 A、B、C 表示，装载岩点使用 D、E、F 表示，破碎站使用 a、b 表示，岩石场使用 c、d 表示。则［A、B、C］表示装载矿点集合，［D、E、F］表示装载岩点集合，［c、d］表示岩石场集合。因此求出的无人驾驶卡车车流分配调度方案就可以用一个染色体表示。例如有 4 辆无人驾驶卡车车流分配调度方案用 X 矩阵表示一组染色体：

$$X = \begin{bmatrix} O \rightarrow A \rightarrow a \rightarrow D \rightarrow c \rightarrow E \rightarrow d \\ O \rightarrow B \rightarrow a \rightarrow D \rightarrow c \rightarrow D \rightarrow c \\ O \rightarrow B \rightarrow b \rightarrow C \rightarrow a \\ O \rightarrow D \rightarrow c \rightarrow E \rightarrow d \end{bmatrix} \quad (3.19)$$

其中，行数是无人驾驶卡车数，每一行表示一辆无人驾驶卡车的路线，箭头方向表示运行方向，箭头个数表示无人驾驶卡车重空运输次数。［O → A → a → D → c → E → d］表示一辆无人驾驶卡车的运行路线，无人驾驶卡车从起始点 O 出发，到装载矿点 A 运行到破碎站 a，再运行到装载岩点 D，以此类推。

3.5.1.2　初始参数的确定

为了使模拟算例更加贴合实际，本书模拟一组混合矿岩规划的简易数据，如表 3.2~表 3.4 所示。

表 3.2　一组模拟混合矿岩规划的简易数据

名　称	数量	单位
无人驾驶卡车	20	台
装载矿点	3	A、B、C
装载岩点	2	D、E、F
破碎站	2	a、b
岩石场	2	c、d
装车时间	5	min
卸载时间	3	min
岩石场 c 运输产量	0.40	万吨
岩石场 d 运输产量	0.40	万吨
无人驾驶卡车的重载平均运行速度	17	km/h
无人驾驶卡车的空载平均运行速度	22	km/h
破碎的目标品位要求	0.125	%
无人驾驶卡车的重载运输费用	26	元/km
无人驾驶卡车的空载运输费用	20	元/km
维修、检查费用	1	元/h

表 3.3　卸载点、装载点、加油站之间的距离　　　　　　　（km）

项目	装矿点 A	装矿点 B	装矿点 C	装岩点 D	装岩点 E	装岩点 F	加油站 O
岩石场 c	2.51	2.12	2.13	1.78	1.62	1.45	2.52
岩石场 d	4.06	3.42	3.32	3.83	4.22	3.42	2.19
加油站 O	2.43	2.54	3.21	2.42	2.86	3.05	0

表 3.4　各装载点的铲位量和品位含量

项目	装矿点 A	装矿点 B	装矿点 C	装岩点 D	装岩点 E	装岩点 F
矿石量/万吨	0.59	0.50	0.45	0.56	0.77	0.78
品位/%	0.126	0.129	0.128	0.132	0.118	0.131

3.5.1.3　初始种群的产生规律

首先是产生第一辆无人驾驶卡车运行方案，然后再安排第二辆卡车，直到所有的卡车都安排完，即完成了一组无人驾驶卡车运行方案。然后以相同的条件，生成 $N-1$ 组解，进而得到初始种群 N。初始种群的产生将遵循以下规律：

（1）无人卡车班次内最后 20min 为无人卡车检查时间。

（2）无人驾驶卡车需要对油量进行监控，在卸矿点时，当无人驾驶卡车的油量小于最大控制油量，则无人驾驶卡车需回到加油站，进行 15min 的加油，再从装载任务还未饱和的可去装载点选择装载点，按照无人驾驶卡车只能从卸载点到装载点，或者从装载点到卸载点的行驶规则，依次顺序排列。

（3）单一矿石规划或单一岩石规划中，明确无人驾驶卡车的起点。起始点作为无人驾驶卡车车流分配调度路径的第一个点，设定无人驾驶卡车的起始点随机产生。

（4）在矿岩混合规划中，根据露天矿的实际情况可知，岩石量一般大于矿石量，当相差很大时，如果采用随机产生的初始解，将在约束处理时，去掉大量不合格解，使所得所求解与最优解相差很大，更降低算法的收敛性。针对此问题，将通过偏好因子 l_{factor} 进行动态调整过程，通过式（3.21）推导出偏好因子的取值。

$$if(x_{rand} < l_{factor})，n = c_{rock}$$
$$if(x_{rand} > l_{factor})，n = c_{ore} \qquad (3.20)$$

$$\begin{cases} x + l = 1 \\ \alpha + \beta = 1 \\ \dfrac{xZ - K}{lZ - Y} = \dfrac{\alpha}{\beta} \\ Z = \delta(K + Y) \\ xZ - K > 0 \\ lZ - Y > 0 \end{cases} \qquad (3.21)$$

其中，δ 系数可取 1.1 ～ 1.2，以上通过化简可得式（3.22）：

$$l = \beta - \frac{\beta K - \alpha Y}{Z} \qquad (3.22)$$

由式（3.22）可得，当 $\beta K - \alpha Y$ 值较小时，$l \approx \beta$。

以上式子中的符号含义如表 3.5 所示。

表 3.5 以上式子中的符号含义

式子中的符号	含 义
x_{rand}	选择岩石因子
c_{rock}	岩石装点对应的号
c_{ore}	随机产生的可去装点的号
x	非偏好因子
l	偏好因子
α	矿石要求比例
β	岩石要求比例
K	矿石要求产量
Y	岩石要求产量
Z	最大生产总量

3.5.2　不同方法计算结果对比分析

3.5.2.1　算法配置

算法中的试验环境：Inter Core（TM）i5-2450MCPU，内存为 4GB，Window10 操作系统，Matlab R2017a 版本。算法参数配置如表 3.6 所示。

表 3.6　算法参数配置

遗传代数	种群规模	交叉概率	突变概率	突变步长
100	100	0.5	0.02	0.1[①]

①决策变量上限值 - 决策变量下限值。

3.5.2.2　求解结果对比分析

本书采用 C-NSGA-Ⅱ、C-MOEAD、DBCDP-NSGA-Ⅱ算法对新型露天矿无人驾驶卡车多目标车流分配调度模型进行求解，并通过以下方面进行结果对比分析。

（1）求解 Pareto 最优解结果如图 3.6 所示。

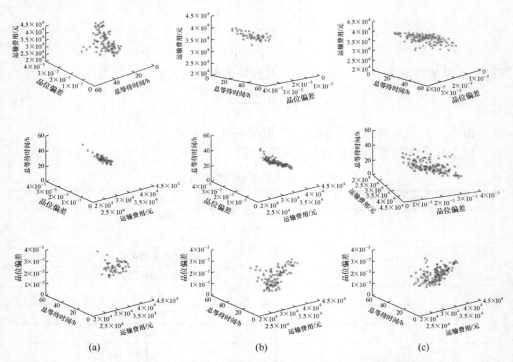

图 3.6　C-NSGA-Ⅱ、C-MOEAD、DBCDP-NSGA-Ⅱ算例优化结果

(a) C-NSGA-Ⅱ；(b) C-MOEAD；(c) DBCDP-NSGA-Ⅱ

（2）各方案目标函数。通过对比不同算法的求解结果，分析各个方法的适用性。运输费用最小方案各算法目标函数值如表 3.7 所示，无人驾驶卡车总排队时间最小方案各算法目标函数值如表 3.8 所示。为了在图中更好地看出 3 个目标函数在比较函数中的变化趋势，将无人驾驶卡车排队时间扩大 100 倍，品位偏差扩大 10^9 倍；运输费用最小方案目标函数对比如图 3.7 所示。无人驾驶卡车总排队时间最小方案目标函数对比如图 3.8 所示。

表 3.7　运输费用最小方案各算法目标函数值

算法目标函数	运输费用/元	无人驾驶卡车总排队时间/h	质量偏差
C-NSGA-Ⅱ	47863.58	37.2	$3.25×10^{-5}$
C-MOEAD	41443.36	31.4	$3.65×10^{-5}$
DBCDP-NSGA-Ⅱ	38951.95	29.7	$2.27×10^{-5}$

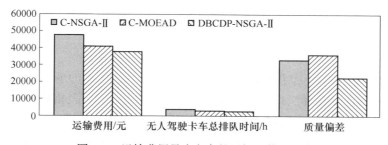

图 3.7　运输费用最小方案的目标函数对比图

通过以上对比分析可知 DBCDP-NSGA-Ⅱ算法在运输费用目标达到最优时可求解得到运输更小的方案，较 C-NSGA-Ⅱ和 C-MOEAD 算法好。从表格中可以看出，在运输成本最小的方案中，DBCDP-NSGA-Ⅱ算法在排队时间和质量偏差 2 个方面都取得较优值。而 C-NSGA-Ⅱ与 C-MOEAD 算法得到的解之间并无支配关系，但 C-MOEAD 得到的解都较 C-NSGA-Ⅱ好。在运输费用目标中，C-MOEAD 算法得到的解较 C-NSGA-Ⅱ好，在无人驾驶卡车总排队时间中，C-NSGA-Ⅱ的值比 C-MOEAD 算法好，但在品位偏差方面，C-MOEAD 算法得到的解较 C-NSGA-Ⅱ好。

表 3.8　无人驾驶卡车总排队时间最小方案各算法目标函数值

算法目标函数	运输费用/元	无人驾驶卡车总排队时间/h	质量偏差
C-NSGA-Ⅱ	46868.32	7.987	$2.98×10^{-5}$

算法目标函数	运输费用/元	无人驾驶卡车总排队时间/h	质量偏差
C-MOEAD	45218. 65	7. 754	2.55×10^{-5}
DBCDP-NSGA-Ⅱ	44360. 53	6. 475	1.82×10^{-5}

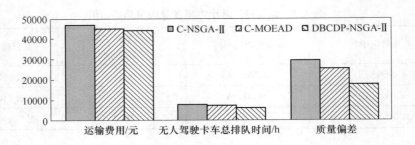

图 3.8　无人驾驶卡车总排队时间最小方案的目标函数对比图

通过以上对比分析可知，在总排队时间目标达到最优时，与 C-NSGA-Ⅱ 相比较，C-MOEAD 算法和 DBCDP-NSGA-Ⅱ算法可得到更好的解，DBCDP-NSGA-Ⅱ算法比 C-MOEAD 算法得到的解较好，但差别很小。从表格中可以看出，在无人驾驶卡车总排队时间最小的方案中，DBCDP-NSGA-Ⅱ算法在运输费用和品位偏差 2 个方面都取得较优值，因此，DBCDP-NSGA-Ⅱ 的解仍然支配 C-NSGA-Ⅱ、C-MOEAD 的解。而 C-NSGA-Ⅱ 与 C-MOEAD 算法得到的解之间并无支配关系，但 C-MOEAD 得到的解都较 C-NSGA-Ⅱ 好。在无人驾驶卡车总排队时间中，C-NSGA-Ⅱ 的值比 C-MOEAD 算法好，在品位偏差方面，C-MOEAD 算法得到的解较 C-NSGA-Ⅱ 好，但在运输费用目标中，C-NSGA-Ⅱ 算法得到的解较 C-MOEAD 好。

综上所述，从总体性上看，DBCDP-NSGA-Ⅱ 的车流分配调度方案比 C-NSGA-Ⅱ、C-MOEAD 好。因此 DBCDP-NSGA-Ⅱ算法对无人驾驶卡车多目标调度模型求解的结果更令人满意。

3.5.2.3　基于 DBCDP-NSGA-Ⅱ算法结果展示

以运输成本最小为例，20 辆无人驾驶卡车的车流分配调度方案如表 3.9 所示，20 辆无人驾驶卡车重载运输次数如表 3.10 所示，表 3.11 展示了 1 号无人驾驶卡车的运行时间表，1 号无人驾驶卡车一个班次内车流分配调度的甘特图，如图 3.9 所示。

（1）20 辆无人驾驶卡车的车流分配调度方案如表 3.9 所示。

表 3.9　20 辆无人驾驶卡车的车流分配调度方案

车号	调　度　方　案	空车路程 /km	重车路程 /km
1	A→b→E→c→E→d→E→c→B→b→C→a→A→a→B→a→C→a→D→c→F→d→D→d→B→a→C→a→F→d→E→d→E→d→E→c→O	46.91	47.24
2	a→A→a→D→d→A→a→D→c→D→c→F→d→D→c→F→c→E→c→E→c→B→a→F→d→F→d→A→b→C→a→C→a→C→a→C→a→C→b→O	50.53	44.30
3	B→a→F→c→F→d→C→b→E→d→C→b→E→c→A→b→E→d→B→a→F→d→F→d→D→c→A→a→F→c→D→d→B→b→O→E→c	49.08	47.86
4	b→D→d→E→d→D→c→A→b→D→c→D→d→E→c→D→d→F→c→F→c→D→d→A→a→E→d→E→d→E→c→F→c→A→b→B→a→O→F→d→C→b	53.24	47.40
5	C→a→F→c→E→c→E→d→A→b→C→a→A→a→A→b→F→F→d→C→a→C→a→D→d→D→c→E→c→E→d→E→d→O→E→c	51.45	45.74
6	c→F→d→B→a→B→a→E→d→E→c→A→b→D→d→F→c→A→b→F→c→D→c→E→c→F→c→F→d→B→a→D→d→O→A→a→E	51.27	46.85
7	D→c→E→d→E→d→E→c→A→a→D→d→F→d→D→c→F→d→F→c→C→a→B→a→F→d→F→d→A→a→C→b→B→b→D→c→O→E	48.11	44.53
8	a→B→b→B→a→F→c→C→a→E→c→C→a→E→c→A→b→D→d→F→d→E→c→F→c→E→c→F→d→D→d→E→d→F→c→C→a	41.79	42.91
9	E→d→A→b→A→a→D→c→C→a→A→b→F→c→C→a→F→d→A→b→E→c→F→d→E→c→C→a→D→d→A→d→D→d→C→a→B→b	40.30	42.55
10	b→A→b→E→c→B→b→C→b→F→c→B→a→E→d→D→d→B→b→A→b→E→d→E→d→A→a→D→d→E→c→D→c→O→E→c	52.06	44.77
11	F→d→F→d→D→c→F→c→F→c→E→c→F→d→B→b→F→c→B→a→D→c→C→b→D→d→F→d→A→b→E→d→O→F→d→E→d	44.65	47.74
12	c→C→a→D→c→D→d→F→c→D→c→F→c→F→c→C→a→A→a→D→d→F→c→F→d→D→c→A→a→C→b→D→c→A→b→D→c	37.42	42.77
13	A→b→A→b→E→c→F→d→F→c→E→c→E→c→C→a→D→c→F→c→B→b→F→d→B→a→E→d→E→c→A→b→D→d→D	29.88	34.86
14	a→C→a→B→b→F→d→F→d→B→b→C→a→E→d→C→a→E→d→E→c→B→a→D→d→D→c→D→c→E→d→E→c→C	39.67	43.01
15	B→a→E→d→E→d→E→c→E→c→E→d→D→d→E→d→F→c→D→c→D→d→B→b→F→c→F→d→E→d→F→c→A→a	35.56	39.60
16	b→E→c→B→a→D→d→F→d→A→b→C→b→E→d→E→c→F→c→E→c→D→d→F→d→E→c→C→a→E→d→E→c→A→d→B	35.89	31.58

车号	调 度 方 案	空车路程 /km	重车路程 /km
17	C→a→C→a→F→c→D→c→E→c→D→c→D→c→F→d→C→b→F→d→ F→c→B→b→C→b→B→b→E→c→F→d→B	28.18	31.02
18	c→F→c→F→d→A→a→F→d→A→a→E→c→A→a→C→a→A→a→F→ c→A→a→B→b→F→c→E→c→C→a→C→a→A→b	32.42	31.91
19	D→c→B→b→E→d→A→a→E→c→C→b→F→c→E→d→B→a→B→a→ D→c→d→B→a→E→d→A→b→	23.95	23.95
20	a→E→d→D→d→F→c→D→d→A→b→C→b→E→c→A→b→B→b→F→ d→E→d→B→b	34.62	34.62

（2）20 辆无人驾驶卡车的调度方案中重载运输次数如表 3.10 所示。

表 3.10　20 辆无人驾驶卡车重载运输次数

装载点	装矿点 A	装矿点 B	装矿点 C	装岩点 D	装岩点 E	装岩点 F
破碎站 a	16	16	23	0	0	0
破碎站 b	25	18	13	0	0	0
卸岩点 c	0	0	0	23	37	33
卸岩点 d	0	0	0	28	35	38

（3）1 号无人驾驶卡车的运行时间如表 3.11 所示。

表 3.11　1 号无人驾驶卡车的运行时间表

车号	运 行 时 间											
	08:00	08:13	08:16	08:24	08:29	08:35	08:38	08:42	08:47			
	09:02	09:05	09:17	09:22	09:28	09:31	09:37	09:42	09:51	09:54		
	10:02	10:07	10:13	10:16	10:23	10:28	10:37	10:40	10:44	10:49	10:54	10:57
	11:02	11:07	11:13	11:16	11:19	11:24	11:30	11:33	11:37	11:42	11:54	11:57
1	12:07	12:12	12:25	12:28	12:37	12:42	12:47	12:50	12:55			
	13:00	13:06	13:09	13:13	13:19	13:30	13:33	13:45	13:50			
	14:05	14:08	14:20	14:25	14:40	14:43	14:55					
	15:00	15:06	15:09	15:15	15:22	15:37	15:40					

（4）1 号无人驾驶卡车一个班次内车流分配调度的甘特图如图 3.9 所示。小写字母表示在相对应卸载点，大写字母表示在相对应装载点，其中第一个大写字母表示装载 5min，第二个字母表示装载点到卸载点的运行时间运行，第一个小

写字母表示在卸载点卸载的时间 3min，第二个小写字母表示卸载点到装载点的运行时间，其他颜色为在路上运行时间，O 表示在加油，第一段表示去加油的路上，第二小段表示正在加油，X 表示休息，G 表示检查。

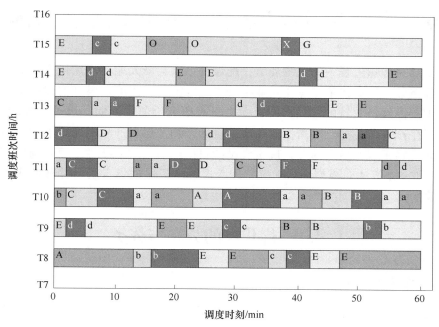

图 3.9　1 号无人驾驶卡车一个班次内车流分配调度的甘特图

4 多煤种多组分全要素智能配煤优化

配煤是炼焦过程中的关键环节，配煤的结果会极大地影响焦化企业的产品质量和经济效益，如何依据焦化企业生产工艺等情况，为库存煤种构建一个可行并且能够提高经济效益的配煤方案是一个具有研究价值的问题。通过对煤的种类、焦炭厂生产环节、配合煤指标对焦炭质量的影响及焦炭产品质量要求的分析，结合焦化厂需求以及生产情况，确定模型的目标函数与约束条件，而后构建多样性变异的 TSSA 算法对模型进行求解，最后求解出了保证焦炭质量并降低成本的配煤方案。

4.1 炼焦煤的分布与分类

4.1.1 炼焦煤的分布

炼焦煤是用于生产高质量焦炭的一种煤炭。由于其特殊的燃烧特性和化学成分，在钢铁工业中广泛使用。其分布取决于其类型和产地。世界上最大的炼焦煤储备国家是澳大利亚、俄罗斯和美国。其中澳大利亚的 Bowen Basin 和 Queensland 地区拥有丰富的优质炼焦煤资源。中国、印度和日本等国家也是炼焦煤的重要生产国家。

此外，炼焦煤的物理性质对于其分布也有影响。根据不同的物理属性（如灰分、硫分、挥发分等），炼焦煤在不同的市场上受到不同程度的欢迎。例如，低灰分和低硫分的炼焦煤通常更受欢迎，因为这些属性能够提高焦炭的质量。

按中国煤炭分类标准，可以将炼焦煤分类为肥煤、焦煤、弱黏煤、瘦煤、1/3焦煤等。在世界炼焦煤总储量中，中国的储量达到了 26.5%，目前中国当前已查明的储量为 2961 亿吨。我国炼焦煤资源在 29 个省（市、区）均有探量，分布较为广泛。炼焦煤资源分布矿区主要有：山西离柳、乡宁、西山，陕西榆林、吴堡、延安，黑龙江鹤岗、鸡西、七台河，新疆阜康、艾维尔沟、河北峰峰、邢台、内蒙古乌海，宁夏石嘴山、石炭井等。

我国炼焦煤资源储备具有以下特点：

（1）从全国资源需求的角度看，山西省保有了全国资源储量的 52.8% 的炼焦煤资源，资源分布很不均衡。

（2）我国虽然具有齐全的炼焦煤种类，但是黏结性较好的优质煤占比较少，焦煤占比为23.6%，肥煤则仅有12.8%。

（3）开采出的原生煤质较差，往往会具有较高的灰分和硫分，对后续的洗煤、配煤、炼焦等工艺带来了压力，并且随着进一步的勘探，原生煤质降低的趋势更为明显。

4.1.2 炼焦煤分类

炼焦煤根据种类的不同，其炼焦特性也会各有差异，焦化企业在配煤炼焦中需要取长补短，充分组合已有煤种，发挥各单种煤的优势，从而降低生产成本，保证焦炭质量，全国稀缺炼焦煤保有资源量占比情况如图4.1所示。

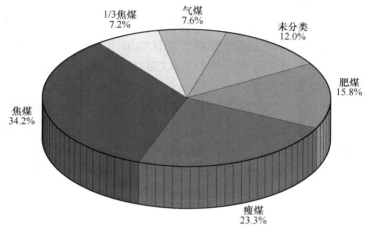

图4.1 全国稀缺炼焦煤保有资源量百分比图

（1）焦煤。焦煤又称主焦煤，挥发分一般在16%~28%，其挥发性比肥煤要低。因为其在加热时生成的胶质体热稳定性很高，并且具有中等胶质层厚度，所以由它进行单独炼焦生成的焦炭的耐磨强度、抗碎强度以及块度等指标都比较好。但是焦煤在焦炉中单独制焦时产生的膨胀压力较大，容易造成推焦困难，以及对炉壁造成损伤。良好的结焦性使得焦煤成为了配煤方案的主要组成，其配入量可以在较宽范围内波动，以利于焦炭质量的提高。综合考虑我国焦煤储量较少的情况以及焦煤价格高等因素，在实际配煤中，应尽量减少或控制焦煤的用量，以利于资源的长期规划与稀缺资源量的保有。

（2）气煤。气煤的挥发分含量很高，在烟煤类煤炭中变质程度较低。气煤进行单独炼焦会在半焦的生成阶段生成大量的气体，这是由其胶质体热稳定性较差所导致的。而在其从半焦开始的结焦阶段，又会因其具有较大的收缩性，导致生成很多纵裂纹，所以气煤单独炼焦生成的焦炭多呈现细长条状，且易碎，机械强度较差。从焦炭生产的角度来说，因为气煤本身的炼焦特性，在配煤时适当地配入气煤可以增加化学产品的产出，并且可以加强焦炭生成过程中的收缩性，起到保护炉体、顺行推焦的作用。考虑到我国气煤储量大的情况，加大气煤的配煤比例也对我国的炼焦煤资源消耗有着积极的影响。

（3）肥煤。中等变质程度的烟煤，其挥发分范围较广，加热时能产生大量的胶质体，胶质层最大厚度 $Y > 25mm$。肥煤的变质程度处于焦煤与气煤之间，根据具体肥煤煤样的变质程度的高低，其特性与气煤或焦煤会较为相似。肥煤由于具有较高的挥发分，其在单独炼焦时反应较为剧烈，最终生成焦炭时收缩量大，反应较为剧烈，导致焦炭产品会具有较多的横裂纹，耐磨强度很差，并且肥煤具有极强的黏结性，在单独炼焦的结焦末期，膨胀性较强，从而造成推焦困难，因此可以多配合弱黏结煤来制定配煤计划。

（4）1/3 焦煤。1/3 焦煤具有较强的黏结性，且挥发分含量中等偏高。在进行单独炼焦时，其生成的焦炭强度较高，并且结焦性能较好，要明显优于气煤。因此它与焦煤较为相似，在炼焦生产中是良好的骨架煤之一，可以通过调整其在配煤中的比例来确保焦炭质量。

（5）瘦煤。瘦煤是炼焦煤中变质程度较高的煤种，其特点是挥发分较低，并且在加热时胶质体生成较少，在单独炼焦时可以生成抗碎强度较好的焦炭，且块度较好，但是耐磨性能差。瘦煤具有较高的反应性，在配煤时应控制其配入比例，适当的配入可以避免焦炭的热态性能变差，同时提高焦炭的抗碎强度与块度。

4.2   炼焦配煤生产过程及相关技术

4.2.1   炼焦配煤工艺

（1）炼焦生产过程。炼焦生产的工艺流程较长且较为复杂，一般可以将其大致分为以下四个子流程：备煤工段、配煤工段、炼焦工段和产品处理工段。备煤工段首先要对原煤进行洗煤，通过一些现代技术来去除开采出的原煤中的一些杂质，降低原煤中的灰分硫分等物质的含量，常见的洗煤工艺有跳汰法、浮选法、氯解法等方法。通过洗煤将原煤加工成精煤，可以提高焦炭资源的利用率，提高经济效益。而后将精煤存放于贮煤场，为后续的配煤炼焦准备好所需的原材料。配煤工段是指在确定好配煤计划后，从贮煤场选取各个比例的单种煤进行破碎、混合，制作出符合炼焦需求的配合煤来进行炼焦生产。炼焦工段是指将制备好的配合煤装入煤塔，而后将煤塔中的配合煤装入焦炉中进行干馏，从而完成焦炭产品的生产。产品处理工段主要是将焦炉内的焦炭产品推出并导引至熄焦塔内进行熄焦处理，而后进行冷却、筛分后将焦炭产品运输并贮存到指定地点。

（2）炼焦配煤过程。炼焦配煤过程是指为保证焦炭质量，降低生产成本，提高经济效益，按配煤计划，将不同种类的单煤以一定比例进行混合，而后经过破碎、调湿等的处理得到用于生产的配合煤。在焦化厂长期稳定生产并且工况正常的情况下，配合煤是影响焦炭质量的最主要的因素，因此可以通过制定合理的配煤计划，调整各单煤的配比来对焦炭质量进行控制。在对贮煤场的原煤或精煤进行工业分析后，根据其质量指标来制定配煤计划，而后按比例选取对应用量的单煤送入配煤室制作配合煤，并将配合煤装入煤塔。当进行炼焦生产时，装煤车从煤塔取出计划用量的配合煤，将其装入焦炉中进行干馏从而生产出焦炭产品。配煤过程如图 4.2 所示。

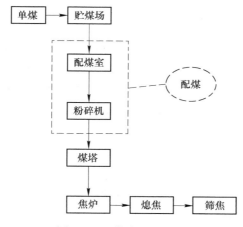

图 4.2　配煤炼焦流程图

4.2.2　配煤原则

焦化企业的配煤工作应立足于自身的实际情况，结合所处区域特点，以充分的调研为基础寻找符合企业自身需求的配煤方案，并可以根据现实情况的转变进行灵活调整。在配煤问题中，焦化企业应主要遵循以下原则进行整体计划的制定：

（1）针对焦化企业的生产有关部门要求或交易订单情况，需保证焦炭质量指标符合要求。

（2）充分考虑焦化厂所处区域内的炼焦煤资源情况，对贫煤等资源多加利用，以利于炼焦煤资源的长期使用。

（3）在配煤时应对焦化厂的焦炉等设备的工艺条件进行综合考量，避免炼焦生产中出现过高的膨胀压力而损坏炉体。

（4）在保证焦炭质量符合生产要求的基础上，尽可能地降低配煤成本，提高经济效益。

（5）尽力确保入厂炼焦煤的煤质稳定，数量均衡且充足。

以上原则之间是相互联系的，焦化企业应充分考虑自身与外界的各方面因素来确定配煤计划。同时，在国家政策发生转变、焦炭市场行情或煤炭市场行情波动等情况出现时，焦化企业应及时对配煤方案进行调整，从而满足不同情况下的需求，提高企业的经济效益。

4.3　焦炭质量影响因素及质量指标

4.3.1　焦炭质量与配合煤的关系

在炼焦生产工况稳定的情况下，主要影响焦炭质量的因素是配合煤的质量指标，而配合煤主要是由单煤进行物理混合得到的，因此在确定单煤质量指标的前提下，可以根据配煤计划中的各单煤配比来计算配合煤的质量指标。衡量配合煤质量的指标主要有水分、灰分、硫分、挥发分以及黏结指数，以下是对这几项指标对焦炭质量影响的详细介绍：

（1）配合煤的水分。配合煤的水分会对焦炉的寿命以及焦炭产品的质量产生极大的影响。配合煤水分过高时，迅速蒸发的水分会吸取较多热量，从而降低炉内火道温度，导致耗热量增加并且延长结焦时间。同时，在入炉时候，过高的水分会使炉壁温度迅速降低，从而对炼焦设备造成一定的伤害。此外，水分的多少会对配合煤的堆密度产生较大影响，进而对焦炭产品的冷态强度和热态性能产生影响。因此，应该根据焦化厂实际生产情况设置一定的配合煤的水分区间范围，并采用调湿技术来确保其含量的稳定，以此来保证焦炭产品的质量与生产效率。

（2）配合煤的灰分。灰分呈惰性，对炼焦而言是一种有害的杂质，配合煤中的灰分不会逸出或是溶解，而是会在炼焦生产中全部转移进入作为产品的焦炭中。灰分中会存在着一些大颗粒固体，它们在结焦时形成导致焦炭热态性能下降的裂纹中心，使焦炭易粉末化。灰分按其来源可以分为内在灰质和外在灰质，内在灰质是在煤的生成过程中在煤的内部积累的矿物质，其分布较为均匀，难以通过洗煤清除。外在灰质则是在开采等人工行为中混杂进来的，洗煤可以有效降低该类灰质的质量。在炼焦配煤时，可以通过洗煤来降低原煤的灰分，而后在配煤环节需要严格控制配合煤灰分的含量，以此来保证焦炭质量。

（3）配合煤的硫分。对于炼焦生产而言，配合煤中的硫分是有害物质，其主要以硫化铁、硫酸盐以及有机硫 3 种形态出现。配合煤中的硫分大部分会转入焦炭中，而焦炭过高的硫分会导致过多的硫分在冶铁过程中进入到生铁中，降低生铁的热脆性能。另一方面，配合煤硫分过高会导致炼焦生产中产生的焦炉煤气中的硫化氢过高，从而对管道造成很大的腐蚀作用。依据我国焦化生产的平均配合煤质量来看，一般焦化企业会将入炉煤的硫分控制在 1% 以内来保证焦炭产品的质量。

（4）配合煤的挥发分。配合煤的挥发分同时影响着焦炉顺行、焦炭产品的质量与产量。当配合煤具有较高的挥发分时，会分解出更多的煤气，但同时也会降低焦炭的结焦性能，使焦炭过分收缩，从而降低焦炭的机械强度。若配合煤挥发分过低，虽然可以提高焦炭质量，但是会加大炼焦成本，并且会产生较大的膨胀压力，不利于推焦的进行。在实际生产中，需要通过调配单煤的配入比例来控制配合煤的挥发分，一般而言，当配合煤的挥发分处于 25%～32% 时，可以生成质量较好的焦炭。

（5）配合煤的黏结性。黏结性指标一般是指煤经受高温干馏时形成可塑体中的液体部分的能力，形成的量越多则其黏结性越好。配合煤具有良好的黏结性是生产出具有较好机械强度的焦炭的保证。对于煤的黏结性能，一般可以用测定的黏结性指数 G 来描述。当前国内的焦化企业要求配合煤的黏结性指数应不低于68，以此来保证焦炭产品的质量。

4.3.2 焦炭质量指标要求

焦炭是高炉炼铁中最为关键的炉料，其质量会对高炉的运行产生较大影响。在高炉炼铁的过程中，焦炭主要起到了以下作用。

其一，热源作用。炼铁过程中 75% 以上的热量是由焦炭提供的，其是高炉冶炼过程中的主要热量来源；其二，还原剂作用。焦炭在高炉中，本身的碳单质和产生的一氧化碳都可以起到还原剂的作用。将铁矿石中的铁的氧化物还原成铁单质，这要求焦炭具有较好的热反应性能；其三，渗碳作用。焦炭中 7%～10% 的碳元素会进入到铁水中，是高炉冶炼的铁水中全部碳成分的来源；其四，骨架作用。在高炉冶炼的过程中，一直重复循环着煤气的上升和炉料的下降，因此需要维持良好的透气性来保证高炉的顺行。但是在高炉中极度高温的情况下，会导致除焦炭之外的其他炉料融化形成透气性差的软熔带，只有焦炭可以保持块状的形态，从而让煤气顺利通过，并且支撑铁矿石。

然而近年来，随着富氧喷吹技术的大力普及与发展，高炉底部喷吹的煤粉逐渐替代焦炭向高炉提供热源、还原剂和渗碳作用，但却无法替代焦炭起到料柱骨架作用。此外，大型化高炉因其具有环保性能较好、劳动效率高、寿命长等优点而有着不可阻挡的发展趋势。随着富氧喷吹技术和高炉大型化不断发展，高炉的入炉焦比大幅减少，焦炭所起到的骨架作用也越发突显，因此为保证高炉具有良好的透气性，焦炭需要更好的热态性能来减少其在高炉中运行时破碎、粉化的比例。

因此，为保证高炉的顺利运行，对焦炭质量有着以下要求：

（1）焦炭的灰分：焦炭中的灰分主要是以 SiO_2 和 Al_2O_3 构成，两者在焦炭中灰分的质量分数之和一般在 50%~80%，同时还有少量 MgO、P_2O_5、Fe_2O_3 等成分，这些成分因为熔点较高，在炼铁时需要通过加入熔剂进行反应后以熔渣的形式将其排除。此外焦炭中的灰分与固定碳的含量成反比，而较高的固定碳可以有效降低焦比。对于焦炭中的灰分含量，国内焦化企业一般要求控制在 15%以下。

（2）焦炭的挥发分：焦炭的挥发分是判定焦炭是否成熟的关键指标，挥发分过高则意味着焦炭成熟度不够，一般而言，焦化企业对焦炭的挥发分一般控制在 1.8%以下。此外，焦炭挥发分过高也会导致推焦时的烟尘逸出量增加，因此，控制焦炭中的挥发分对解决环保问题也有着积极的意义。

（3）焦炭的硫分：焦炭中的硫分对于高炉炼铁是有害的物质，主要指的是硫化铁和有机硫等物质，其中少部分的硫分会进入到高炉煤气中，大部分的硫分都会继续参加炉内硫循环，并且转移到铁水中成为最终生铁产品中的硫分，而硫分过高会降低生铁的产量与质量。

（4）焦炭的冷态强度：焦炭的冷态强度又称为机械强度，一般用 M_{40} 和 M_{10}来表示，这 2 项值可以反映焦炭在运输过程以及在高炉中抵抗物理作用而不发生破碎、粉化的能力。对于高炉冶铁而言，对焦炭冷态强度的一般要求为 M_{40} 指标值越大越好，M_{10} 指标值越小越好。

（5）焦炭的热态性能：焦炭的热态性能主要考察的是焦炭在高炉冶铁过程中，其与高炉中二氧化碳、氧气等成分在高温下的反应情况，用焦炭反应性 CRI来表示。在反应之后焦炭能够保持的抗破碎以及耐磨的能力，用焦炭的反应后强度 CSR 来表示。目前，随着富氧喷吹技术发展以及高炉大型化的趋势，焦炭无法替代的骨架作用也越发重要，因此，焦炭具有较低的反应性，同时具有较高的反应后强度，避免高炉运行时因焦炭热态性能差而产生过多粉末影响高炉顺行，一般 $CRI \leqslant 30\%$，$CSR \geqslant 60\%$。

4.4 配煤优化模型构建

对于焦化企业而言，利润的最大化一直都是企业的最大目标。配煤炼焦生产中，在保证焦炭生产质量符合要求的前提下，如何优化配煤结构，降低配煤成本，提高企业的经济效益，是焦化企业的首要任务。因此目标函数可以确定为配合煤的成本最小化，目标函数表达式如式（4.1）所示。

$$\min Z = \sum_{i=1}^{n} c_i x_i \tag{4.1}$$

式中，Z 为配合煤在将单煤按比例掺配后每吨的成本价格；c 为各单煤的价格；x 为配煤计划中各单种煤的配入比例；i 为参与配煤的各单煤。

可以将配煤过程中存在的约束分为以下 3 类。

（1）单种煤配比约束。在该焦化厂的实际生产中，由于电子皮带秤存在着精度、皮带速度等称取中的限制条件，为减少和控制配煤中因称重等原因造成的误差，在配煤时单煤的比例要取百分比的整数来进行后续的掺配。

此外，在实际配煤操作中，需保证单个煤炭的比例总和达到 100%：

$$\sum_{i=1}^{n} x_i = 100\% \tag{4.2}$$

（2）配合煤质量约束。基于第 3 章的分析，为保证实际生产中的焦炭质量，配合煤指标的灰分（A_d）、硫分（S）、挥发分（V_{daf}）、黏结指数（G）都需要控制在一定范围之内，根据焦化厂配煤结果以及焦炭质量指标要求，可大致确定配合煤指标范围，配合煤质量指标约束公式如式（4.3）所示。

$$\begin{cases} \min A_d \leqslant A_{d配} \leqslant \max A_d \\ \min S_{t,d} \leqslant S_{t,d配} \leqslant \max S_{t,d} \\ \min V_{daf} \leqslant V_{daf配} \leqslant \max V_{daf} \\ \min G \leqslant G_配 \leqslant \max G \end{cases} \tag{4.3}$$

在实际的配煤过程中，只是通过物理的混合、破碎等方法将各种单煤制成配合煤，所以可以依据单煤的质量指标进行线性加和得出配合煤的质量指标。设配合煤是由 n 种煤混合而成的，x_j 是第 j（$j = 1, 2, \cdots, n$）种煤的配煤比例，则配合煤质量指标表达式为：

$$\begin{bmatrix} A_{d配} \\ S_{t,d配} \\ V_{daf配} \\ G_配 \end{bmatrix} = \begin{bmatrix} A_{d_1} & A_{d_2} & \cdots & A_{d_n} \\ S_{t,d_1} & S_{t,d_2} & \cdots & S_{t,d_n} \\ V_{daf_1} & V_{daf_2} & \cdots & V_{daf_n} \\ G_1 & G_2 & \cdots & G_n \end{bmatrix} \begin{bmatrix} x_1 \\ x_2 \\ \vdots \\ x_n \end{bmatrix} \tag{4.4}$$

（3）焦炭质量约束。基于第 3 章对焦炭质量的分析，结合该焦炭厂实际情况，确定焦炭质量约束的一般公式如下：

$$\begin{cases} \min A_d \leqslant A_{d\text{焦}} \leqslant \max A_d \\ \min S_{t,d} \leqslant S_{t,d\text{焦}} \leqslant \max S_{t,d} \\ \min M_{40} \leqslant M_{40} \\ M_{10} \leqslant \max M_{10} \\ CRI \leqslant \max CRI \\ \min CSR \leqslant CSR \end{cases} \tag{4.5}$$

焦炭质量与配合煤质量之间的关系是非线性的，为解决在配煤优化模型的迭代寻优中对焦炭质量指标进行约束的问题，此处采用第 4 章建立的基于 TSSA-SVR 的焦炭质量预测模型对迭代中的配煤方案的焦炭质量指标进行计算，可对焦炭质量指标做如下表示：

$$Q(x) = q(Wx) \tag{4.6}$$

其中，$Q(x)$ 为焦炭质量指标；x 为单种煤配比；W 为单种煤的质量指标矩阵；$q(x)$ 为基于 TSSA-SVR 的焦炭质量预测函数。

4.5　融合多样性变异处理的 TSSA 算法

4.5.1　优化参数的 TSSA 算法

仿生类算法在解决函数优化问题中，初始种群的生成往往通过随机的方法生成数据来构成，这容易导致初始种群的分布不均匀并且多样性较差，从而对算法的寻优精度与收敛速度产生较差的影响。参数优化是支持向量回归研究中的一个重要问题，对于 SVR 参数寻优这一问题，本书在麻雀搜索算法的基础上，引入 Tent 混沌映射优化初始种群的生成与分布，混沌序列具有遍历性、随机性和规律性等特点，通过其产生的初始种群可以具有较好的多样性，从而提高算法跳出局部最优以及搜索全局最优的能力。不同的混沌映射有着不同的性能与特质，现有的混沌映射有 Tent 映射、Logistic 映射等，单梁等人研究表明相比于 Logistic 映射，Tent 映射具有更佳的遍历性，可以生成更好的均匀序列并且运算速度更快。因此，引入 Tent 映射生成麻雀搜索算法的初始种群，从而提高算法的全局搜索能力。

Tent 混沌映射的表达式为：

$$x_{i+1} = \begin{cases} 2x_i, & 0 \leqslant x \leqslant \dfrac{1}{2} \\ 2(1 - x_i), & \dfrac{1}{2} < x \leqslant 1 \end{cases} \tag{4.7}$$

即
$$x_{i+1} = (2x_i) \bmod 1$$

经分析可以发现在 Tent 混沌序列中存在着小周期以及不稳定周期点。为避免 Tent 混沌序列在迭代的过程中落入小周期点或不稳定周期点，在原有的 Tent 混沌映射表达式中引入了随机变量 $rand(0, 1) \times \frac{1}{N}$，改进后的表达式如下：

$$x_{i+1} = \begin{cases} 2x_i + rand(0, 1) \times \frac{1}{N}, & 0 \leqslant x \leqslant \frac{1}{2} \\ 2(1 - x_i) + rand(0, 1) \times \frac{1}{N}, & \frac{1}{2} < x \leqslant 1 \end{cases} \quad (4.8)$$

变换后表达式为：

$$x_{i+1} = (2x_i) \bmod 1 + rand(0, 1) \times \frac{1}{N} \quad (4.9)$$

式中，N 为混沌序列内粒子个数；$rand(0, 1)$ 为在 $[0, 1]$ 之间取值的随机数。

在 SSA 的基础上引入 Tent 混沌映射初始化种群，混沌麻雀搜索算法的步骤如下：

Step1　初始化参数，如种群数量 N、最大迭代次数 T、发现者比例 PD、侦察者比例 SD 等；

Step2　生成 Tent 混沌序列，并基于其进行映射生成初始化种群；

Step3　计算各只麻雀的适应度值，对适应度值进行排序，找出当前最优适应度值 f_b 和最差适应度值 f_w，以及具有该适应度值的麻雀所处的位置 x_b，x_w；

Step4　选取部分适应度值较优的麻雀作为发现者，并更新其位置；

Step5　余下麻雀作为加入者，并更新位置；

Step6　从麻雀中随机选择部分麻雀作为侦查者，并更新位置；

Step7　更新整个种群的最优位置 x_b 和最优适应度 f_b，以及最差位置 x_w 和其适应度 f_w；

Step8　判断是否达到结束条件，若是，则结束循环，输出最优结果，否则跳转 Step4。

4.5.2　多样性变异处理

在求解多约束问题时，算法在迭代寻优的过程中，种群容易在初期大规模聚集在某一个较优的位置，从而会降低算法的全局搜索能力，无法搜索到问题的最优解。为避免种群的过分聚集，引入生物学中的种群聚集度的概念来进行判别，可对在麻雀搜索算法中的种群聚集度 A 做如下表示：

$$A = \frac{\delta - \bar{x}}{\bar{x}^2} \quad (4.10)$$

式中，δ 为种群适应度的方差；$\bar{x}$ 为种群适应度的均值。

当 $A \gg 0$ 时，表示种群出现了聚集的情况，为了避免聚集状态在迭代的初期出现，采用柯西分布来对种群中的最优个体进行变异处理。当 $t \leqslant \dfrac{it}{2}$ 时，且当 A 值大于预设阈值 a 时，使用式（4.11）对全局最优解进行变异处理。

$$X = X_{\text{best}}(1 + \text{cauchy}(0，1)) \tag{4.11}$$

其中，标准的柯西分布函数式如下所示：

$$f(x) = \frac{1}{\pi}\left(\frac{1}{x^2 + 1}\right)，\quad -\infty < x < +\infty \tag{4.12}$$

4.5.3 CTSSA 算法设计

Step1 初始化参数，如种群数量 N、发现者比例 PD、侦察者比例 SD、种群聚集阈值 a、目标函数维度 D、最大迭代次数 T、初始值上下界 u_b、l_b 等参数；

Step2 生成 Tent 混沌序列，并基于其进行映射生成初始化种群；

Step3 计算各麻雀适应度值并排序，找出当前最优与最差适应度值 f_b 和 f_w，以及具有该适应度值的麻雀所处的位置 x_b，x_w；

Step4 从适应度值较优的麻雀中，选取部分麻雀作为发现者，并更新位置；

Step5 余下麻雀作为加入者，并更新位置；

Step6 从麻雀中随机选择部分麻雀作为侦查者，并更新位置；

Step7 更新整个种群的最优位置 x_b 和最优适应度 f_b，以及最差位置 x_w 和其适应度 f_w；

Step8 对种群聚集度进行判定，当超过阈值时，对最优位置的个体进行柯西变异的扰动；

Step9 判断是否达到结束条件，若是，则结束循环，输出最优结果，否则跳转 Step4。

4.6 焦化厂实例结果

4.6.1 焦化厂原料煤数据

选取某焦化厂 2019 年 9 月份入库煤作为试验数据，表 4.1 给出各单煤价格及其质量指标。

表 4.1 焦化厂单煤价格及品质表

种 类	价格 /元·t⁻¹	灰分 A_d/%	硫分 $S_{t,d}$/%	挥发分 V_{daf}/%	黏结指数 G
低灰焦煤	1560	6.46	0.74	35.65	75

种 类	价格 /元·t^{-1}	灰分 A_d/%	硫分 $S_{t,d}$/%	挥发分 V_{daf}/%	黏结指数 G
1/3 焦煤 1 号	1150	9.63	0.73	32.76	76
主焦煤 1 号	1260	9.92	0.39	23.76	85
1/3 焦煤 2 号	1130	9.79	0.42	31.14	89
瘦焦煤 1 号	1180	9.82	0.46	17.34	60
主焦煤 2 号	1455	9.91	0.58	26.62	80
1/3 焦煤 3 号	1120	9.54	1.21	33.27	80
中硫主焦煤	1150	10.11	1.77	23.17	85
瘦焦煤 2 号	1180	10.26	0.42	18.22	64
主焦煤 3 号	1520	9.48	0.45	20.86	77
主焦煤 4 号	1465	11.06	1.45	24.46	82
主焦煤 5 号	1365	10.85	0.51	22.78	85

4.6.2 配煤优化约束条件确定

配合煤中的灰分会全部转移到焦炭中去,结合该厂产品需求以及综合成焦率,将配合煤的灰分指标约束设置为 [8.5,10.5]。配合煤中的硫分会对焦炭质量以及环境造成很大的影响,结合焦化厂配煤经验与产品质量需求情况,将配合煤硫分约束范围设置为 [0.6,0.8]。配合煤一定的挥发分含量可以保证煤气的产量,但过高的挥发分会降低焦炭的机械强度,结合 9 月份该焦化厂实际生产情况,[26,28] 是挥发分的合理约束区间。

由此,配合煤质量指标约束如表 4.2 所示。

表 4.2 配合煤质量指标约束

配合煤质量指标	最小值	最大值
$A_{d配}$/%	8.5	10.5
$S_{t,d配}$/%	0.6	0.8
$V_{daf配}$/%	26	28
G	76	80

根据该焦化厂产品用途以及生产订单要求的情况,结合该焦化厂自身生产情况,确立了焦炭质量指标约束范围,如表 4.3 所示。

表 4.3　焦炭质量指标约束 （%）

焦炭质量指标	最小值	最大值
$A_{d焦}$	11	13
$S_{t,d焦}$	0.65	0.8
M_{40}	87	—
M_{10}	—	5
CRI	—	29
CSR	65	—

4.6.3　结果与分析

（1）配煤优化参数设置。CTSSA 算法设置种群数量 200，最大迭代次数为50，预警值为 0.6，发现者比例为 0.7，侦察者比例为 0.2。

（2）为更好地观察算法改进的效果，比较了 CTSSA 算法与 TSSA 算法进行求解时的适应度值，可以看出相比于 TSSA 算法，融合多样性变异改进后的 CTSSA算法下降程度更快且稳定性更高，且求得了较优的结果，变化趋势如图 4.3所示。

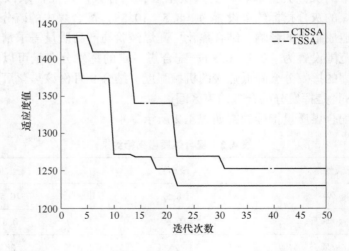

图 4.3　适应度值变化趋势图

该企业 9 月份在炼焦生产中的实际配煤成本如表 4.4 所示。

表 4.4 焦化企业 9 月份实际生产时配合煤成本

日　期	9月1日	9月3日	9月7日	9月10日	9月14日
配合煤成本/元	1241.1	1249.8	1258.4	1296.8	1294.6
日　期	9月18日	9月19日	9月23日	9月25日	9月28日
配合煤成本/元	1259.7	1288.6	1263.65	1294.5	1283.4

将基于 CTSSA 算法对配煤优化模型进行求解后得到的配煤方案成本与企业实际配煤成本进行对比，如表 4.5 所示。

表 4.5 CTSSA 优化方案与原生产方案成本对比表 　　　（元/t）

日　期	实际配煤生产成本	CTSSA 优化后的配煤成本	优化后方案可节约成本
9月1日	1241.1		10.7
9月3日	1249.8		19.4
9月7日	1258.4		28
9月10日	1296.8		66.4
9月14日	1294.6		64.2
9月18日	1259.7	1230.4	29.3
9月19日	1288.6		58.2
9月23日	1263.65		33.25
9月25日	1294.5		64.1
9月28日	1283.4		53
9月份平均值	1273.055		42.655

基于 CTSSA 算法求解出的最优配煤方案的配合煤指标以及焦炭质量指标如表 4.6 所示。

表 4.6 配煤方案指标表

指标	$A_{d配}$	$S_{t,d配}$	$V_{daf配}$	G	$A_{d焦}$	$S_{t,d焦}$	M_{40}	M_{10}	CRI	CSR
配煤方案值	9.82%	0.70%	26.32%	77	12.85%	0.72%	88%	4.2%	27.5%	66.4%

基于表 4.5 和表 4.6 可以看到，本书配煤比优化模型计算出的配煤方案效果更优，成本更低，优化后的配煤方案成本相比九月份平均配煤成本可降低 42.655 元/t，并且该方案严格满足了配合煤质量和焦炭质量的约束条件。

5 露天矿生产全流程智慧决策系统

露天煤矿全流程动态生产工业大数据分析及智慧决策系统的应用优化了卡车运输，降低总运输功和采装与运输设备的等待时间，节能降耗，有效提高采装与运输效率；实现了电铲、卡车、钻机调度，优化生产，提高了资源利用率；能及时应对生产中出现的突发事件，以实现及时响应生产、及时调整生产和安全生产。露天煤矿全流程动态生产工业大数据分析及智慧决策系统通过采用现代高新技术和符合露天矿生产实际的最优化模型，彻底改变了传统的生产管理模式，是露天矿生产管理模式的一场革命。

5.1 智慧决策系统概述

5.1.1 系统开发运行环境

随着计算机技术、人工智能以及工程测量技术的迅速发展，露天矿开采作业正朝着测量、设计和施工一体化方向发展，全自动数字矿山 DM（digital mine）概念的提出勾画出未来矿山的美好远景。DM 最终表现为矿山的高度信息化、自动化和高效率，以实现遥控采矿和无人采矿。数字矿山的主要研究内容是以计算机及其网络为手段，把矿山的所有空间和有用属性数据进行数字化存储、传输、表述和深加工，应用于各个生产环节与管理和决策之中，以达到生产方案优化、管理高效和决策科学化的目的。

针对我国矿产资源的特点和矿山企业对数字矿山建设的实际需求，如何利用当前先进的计算机技术、无线通信技术、可视化技术和空间技术及计算智能等相关技术来改变目前露天矿对人员和设备落后的生产管理模式，实现生产管理的现代化、信息化、数字化已成为矿山企业走向数字矿山的重要一步。

露天煤矿全流程动态生产工业大数据分析及智慧决策系统利用 GPRS 无线通信技术、GPS 空间无线定位技术、生产调度理论、计算机图形学、计算智能方法以及可视化技术等方法，对露天矿数字化采矿生产管理集成平台及关键技术进行研究，集开发自主版权的视频监控、计划编制、自动配矿、车铲调度优化和自动计量及生产数据监控于一体的露天矿数字化采矿生产管理系统。

开发环境包括 RIA/JavaScript、ArcGIS Server、Internet、Rest 和 SQLServer 等

技术。软件系统为 B/S（浏览器/服务器模式）架构，采用 RIA/JavaScript 技术建立 Web 系统，能够实现客户端的部分计算，减轻对服务器的运行需求，较好地均衡服务器负载，使系统更生动灵活、功能更强大、交互更具人性化、用户体验更丰富。鉴于目前实际需求，根据露天煤矿的特点，采用 RIA/JavaScript 技术，基于 WebGIS 和 ArcGIS Server 平台，结合 Geodatabase 和 SQL Server 数据库，建立露天煤矿全流程动态生产工业大数据分析及智慧决策系统，实现信息管理、实时监控、动态计算、科学规划等多功能为一体的全方面管控，以实现煤矿资源的充分利用，提高煤矿经济效益。系统界面层开发语言及框架工具包括 HTML5、CSS、JavaScript、Highchart、Openlayer 等；服务层开发工具包括 IIS8.0、GeoServer（MapServer）；开发平台为 MyEclipse10。系统开发工具如表 5.1 所示。

表 5.1　系统软件开发工具

系统/软件/包	版　　本	功　　能
Windows7	SP2	操作系统
JDK	1.4.2	Java 开发软件
MyEclipse	10	Java 集成软件（开源）
protégé	4.3	Ontology 的构建软件
GATE	5.0	自然语言处理框架（开源）
JTidy	r7	HTML 预处理工具（开源）
Dom4j	1.6.1	XML 解析器

　　露天煤矿全流程动态生产工业大数据分析及智慧决策系统主要包括五个子系统。三维地质建模及仿真系统首先需要获取矿山不同阶段的勘探数据（包括钻孔数据、探槽数据、潜孔数据、地震解释数据和成果图件数据），其次，将以上数据导入软件中进行矿体模型、岩体模型、断层模型的建立，最后建立矿山资源品位模型。露天矿生产监控系统通过调节前端摄像机、云台、镜头等辅助设备，直接观看被监控场所的情况，做到全区域、无死角、实时准确的监控。可视化生产计划编制系统采用模拟优化法编制采剥进度计划，根据矿山在整个生产时期的人员、设备数量基本稳定的特征，通过调整剥采比，在保证完成开采生产量的前提下，尽可能地使矿山的基建工程量和废石量最小。露天矿智能配煤动态管理系统结合计算机技术与卫星定位技术，规划与管理配煤质量，实现煤矿配矿调度工作的信息化。露天矿卡车生产智能调度系统实现实时数据的接收和发送，依此对矿卡进行实时监控和故障诊断，同时在对关键数据进行实时流计算后，将计算结果存储到时序数据库与关系型数据库中，负责露天矿山地图的管理，并依据高精度地图和矿上实时作业情况对矿卡进行调度管理与运营管理。矿岩量自动计量及生产数据动态监控系统从矿岩量数据的采集、传输、处理、自动统计、生产检测和控制方面实现了高度自动化，

运行稳定可靠，分环节，分模块处理，可扩展良好。露天煤矿全流程动态生产工业大数据分析及智慧决策系统整体架构图如图5.1所示。

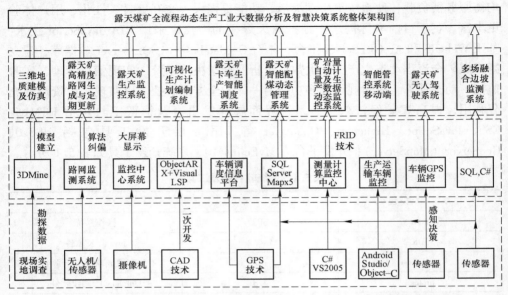

图 5.1 露天煤矿全流程动态生产工业大数据分析及智慧决策系统整体架构图

5.1.2 系统设计的目标与原则

云服务下露天煤矿智能生产管控及智慧决策关键技术的研发，是为矿山企业提供自动驾驶矿卡、远程智能驾驶矿卡以及智慧矿山的一体化解决方案。智慧矿山智能管控系统通过基础智能网联、4G/5G通信、全矿高精度模型、生产作业设备实时管控等功能，实现对矿山的全局智能规划、智能调度、智能配煤和实时优化管控。将人从矿山现场近距离作业中脱离出来，把人的工作环境变更为室内控制，实现无人矿山、人文矿山、智慧矿山、安全矿山以及科学矿山的发展战略目标。

整个系统方案的设计贯穿以下原则：

（1）先进性：整个系统选型，软硬件设备的配置均符合高新技术潮流，采用全世界最新的 GPS/北斗多模高精度定位技术、显示技术，利用现有无线传输网络环境，无需购买额外的网络设施，保证设计的产品领先同类产品。

（2）稳定性：在露天矿复杂环境中有很多因素都会影响系统的稳定性，如接口设计、防水、防震、防尘、温度湿度、信号干扰等，系统设计均需考虑此类问题。系统基于大型数据库，具有良好的数据共享，实时故障修复，实时备份等完善的管理体系，可以确保系统提供7×24h不间断服务。

（3）可扩展性：系统的软件设计采用面向对象和模块化的开发技术，严格履行模块化结构方式,方便系统功能扩充;终端硬件设计采用标准化的接口设计,并提供多种通信标准协议,具有良好的可扩展性。

（4）兼容性:系统整体设计充分考虑在现有网络和差分基站的基础上进行设计,使现有资源充分利用,避免系统建设重复投资,浪费资源。

（5）性价比最优:在满足当前矿山生产需求的基础上,充分进行技术和设备选型的技术经济分析,保证系统具有最佳的性价比。

（6）易操作性:系统的易操作和易维护是保证生产调度管理人员及作业人员使用好整个系统的条件,结合采矿生产领域的专业背景,采用可视化的图形界面,利用已有的丰富设计使用经验,保证满足需求的同时,使系统易操作,易维护。

（7）可管理性:具有良好的可管理性,系统的整体运行管理不受地域限制,生产调度管理人员可以进行远程管理、远程维护,便于管理人员及时准确地掌握现场生产状况。

5.1.3 云服务下系统架构

为合理调配露天煤矿生产作业,智能调度管理车辆,实现大数据智能决策分析,以大数据技术为支撑,JavaWeb 为开发方式,设计了一种云服务模式下的露天煤矿全流程动态生产管理系统。该系统采用 Google Map、物联传感等前沿技术实现各种生产信息的传输与展现,在无人驾驶卡车位置轨迹的基础之上,通过车辆自动运行,给出调度决策依据,合理动态的调配车辆运行,自动化完成生产的精细化配矿和车辆的计量统计,实现信息化、智能化、自动化的露天矿智能生产,总流程如图 5.2 所示。

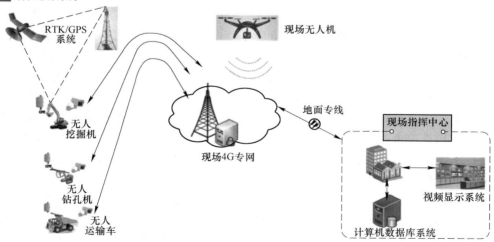

图 5.2 云服务下系统架构图

云服务是指通过虚拟化网络以按需、易扩展的方式获取所需的服务。图 5.3 所示云服务可以将企业需的软硬件、资料都放到网络上，在任何时间、地点，使用不同的 IT 设备互相连接，实现数据存取、运算等目的。

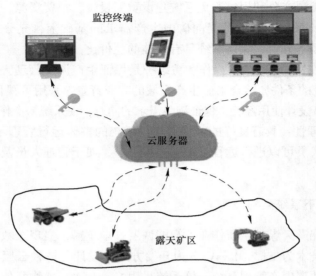

图 5.3   云服务关键节点

云服务的基础架构包含 3 个基本层次：基础设施层（infrastructure layer）、平台层（platform layer）和应用层（application layer）。基础设施层以 IT 资源为中心，包括经过虚拟化后的硬件资源和相关管理功能的集合。云的硬件资源包括计算、存储以及网络等资源。基础设施层通过虚拟化技术对这些物理资源进行抽象，并实现高效的管理、操作流程自动化和资源优化，从而为矿山企业提供动态、灵活的基础监控服务。平台层介于基础设施层和应用层之间。该层以平台服务和中间件为中心，包括具有通用性和可复用的软件资源的集合，是优化的"云中间件"，提供了应用开发、部署、运行相关的中间件和基础服务，能更好地满足云应用在可用性、可伸缩性和安全性等方面的要求。应用层是云应用软件的集合，这些应用是构建在基础设施层提供的资源和平台层提供的环境之上，通过网络交付给矿山企业管理者，以达到实时、远程查看露天矿生产监控调度的目的。

云服务最基础的服务是多个客户可共享一个服务提供商的系统资源，他们无须架设任何设备及配备管理人员，便可享有专业的 IT 服务，这对于一般创业者、中小企来说，无疑是一个降低成本的好方法。利用云服务平台将露天矿生产运输数据等信息资源汇集在一起形成资源池，根据矿山企业的不同需求，对资源池的资源优化、分析后以服务的形式提供给需求者，实现资源的共享，进而实现矿业大数据的智能分析，推动矿山行业的数字化、智能化发展。

5.2　硬件系统技术实现

露天煤矿全流程动态生产工业大数据分析及智慧决策系统的正常运行，依据的不仅是可靠的云服务技术、完备的系统设计，更是需要可靠性、稳定性、兼容性强的硬件。针对复杂山区环境下点目标密度低、观测精度低和数据传输实时性差，难以实现目标高精度动态跟踪，数据实时获取的难题，系统以产品形态上"国产化、型谱化、跨平台"能力要求为原则，以"实时监测—管理与决策—可视化应用"为技术主线，基于"微内核+外部插件"基础框架进行建设。硬件部分针对现有的装备存在监测参数单一、通信实时性差、成本高、体积大、精度低等实际问题，限制了其进一步的推广应用，为此设计优化了小型化、低成本、高精度、易部署的实时监测装备。系统硬件部分主要由作业设备智能终端、无线通信网络、生产调度中心显示系统及 GPS 差分系统等组成。

5.2.1　作业设备智能终端

作业设备车载智能终端作为无人矿车基础性关键技术，融合了 GPS 技术、里程定位技术及汽车黑匣技术，能用于对无人矿车进行现代化管理，主要工作流程为：将作业设备车载智能终端安装到矿车 OBD 端口后，读取行车电脑的数据并将数据同步至云端服务器，可实现实时采集运行矿车的位置、车内图像或视频、车速、车辆电力消耗等信息，并通过无线网络同步至管理系统，实现运行车辆的智能化动态监管。

作业设备车载智能终端硬件主要由智能车载终端主机、触摸屏、定位天线、通信天线、语音通话模块组成，其中主机主要由高可靠性的工控主板，集嵌入计算机、高精度 GPS 定位模块、GPRS 通信模块于一体，其各项参数如表 5.2 所示。该 GPS 车载智能终端采用军工级金属密封壳体制作，达到 IP66 防护等级，核心部件由进口工业级计算机模块、NovAtel 高精度 GPS 定位模块等构成，具有抗震、耐高低温、可靠性高等特点。车载智能终端主要分为高精度定位智能终端和普通车载智能终端，其中高精度定位智能终端主要安装在电铲和钻机上，用于对作业位置的准确定位，以便进行地质资料和爆堆的数据分析；普通车载智能终端主要用于安装在对定位精度要求不高的卡车、油车等作业设备上，这样可以为企业节约大量成本。

车载智能终端主要功能有：

（1）定位监控：通过 GIS 技术实时、准确显示安装车载智能终端的电铲、卡车、加油车、洒水车、推土机、钻机等目标的动态运行状态并对其进行精确定位。

（2）指令及语音调度：调度中心可以通过终端进行指令调度及语音调度，车载智能终端能够给出醒目提示（红色指示灯和铃声）并在显示屏上显示调度指令。

（3）实时显示作业信息：车载智能终端可以实时显示卡车的运输车数、电铲的装车车数，以及当前作业设备的经纬度坐标、当前位置的品位等信息。

（4）报警管理：调度中心可以设置超速报警、越界报警等，如当卡车速度超过所设定的安全速度时，车载终端自动报警提示，并将超速的时间地点等信息自动报告给调度中心，作为考核司机的依据，同时设有出区域报警、偷油报警、掉电报警、侧翻报警、线路偏移报警等功能，切实保障司机人员信息。

（5）终端状态监测与控制：调度中心可以检测监控终端当前状态，可下发控制指令，控制终端的工作状态，如重新启动等。

（6）终端信息反馈：司机通过终端操作界面可以上传预制的固定信息到调度中心，以便调度中心及时掌握采场生产状况并进行及时处理。

（7）应急事件呼叫：司机可以通过终端快捷键紧急呼叫调度中心，及时反映生产中遇见的紧急情况。

（8）OBD 信息：随时、随地掌握车辆健康状态。提供车辆实时车况信息（油耗信息、电瓶电压、进气管温度、当前车速、发动机水温、引擎转速）的实时查询，故障记录、保养管理以及行车报告等，以便调度中心及时掌握车辆信息以应对矿车突发事件。

作业设备车载智能终端其最重要的功能是定位功能，硬件融合 GPS 技术，可对车辆做到全方位、全智能、精准定位。定位功能的实现主要依靠硬件设备内部搭载的高精度定位模块，其技术指标如表 5.2 所示，模块负责接收、解调卫星的广播 C/A 码信号。通过运算与每个卫星的伪距离，采用距离交会法得出接收机的经度、纬度、高度和时间修正量这四个参数。高精度定位模块通过串行通信口不断输出 NMEA 格式的定位信息及辅助信息，以便后续计算处理。

表 5.2　高精度定位模块主要技术指标

性 能 指 标		指 标 参 数
接收通道配置		14 L1，14 L2 GPS
定位精度	L1	1.8m
	L1/L2	1.5m
	DGPS	0.45m
	SBAS	0.6m
	RT-20	0.2m
测量精度	L1 C/A 码	6cm RMS
	L1 载波相位	0.75mm RMS

性 能 指 标	指 标 参 数	
数据更新率	原始数据	1Hz
	位置数据	1Hz
首次定位时间	冷启动	50s
	热启动	35s
信号重捕获	L1	0.5s（典型值）
授时精度	20ns RMS	
测速精度	0.03m/s RMS	
动态指标	速度限制	515m/s
	高度限制	不限制
物理尺寸	体积	（46×71×13）mm
	质量	21.5g
电源参数	输入电压	+3.3V +5%/−3% VDC
	功耗	1.6W（典型值）
天线 LNA 馈电输出	输出电压	5V 标称值
	最大电流	100mA
通信端口	2 个 LV-TTL 串口，300 到 921600bps	
	1 个 LV-TTL 串口，300 到 230400bps	
	2 个 CAN BUS 接口，1M bps	
	1 个 USB 口，5M bps	
输入/输出接口	主接口	20 脚双排插针
	天线输入接口	MMCX 插座
环境适应性指标	操作温度	−40~+85℃
	存储温度	−45~+95℃
	湿度	95%无冷凝
	随机振动	RTCA D0-160D（4g）
	跌落／冲击	MIL-STD 810F（40g）

5.2.2 监控中心硬件设备

针对矿区发生事故不能及时作出反应，部分司机经常超速行驶、投机取巧、多拉误拉、谎报车数、设备老旧导致调度人员经常出现场等问题，生产管理过程中必须实现实时掌控关键场所的人员、设备和场所的安全状态、对车辆和采掘设备的全程监控。为改善矿山公司监控调度的管理模式，解决现存问题，更好地设计建设成科学高效的生产监控信息系统，监控中心系统的建设便成为了至关重要的一环。

　　监控中心系统是一套集多路视频预览、录像、放像、远程监控、智能报警和控制于一体的数字式监控系统。该系统可将摄像机和监听麦克风摄取的视音频信号，经过压缩卡处理后压缩数据实时记录。硬盘录像主机能实现录像（将视音频信号压缩数据存储在计算机硬盘、磁带、可写光盘等多种存储介质）、放映（将视音频信号压缩数据解压并显示在计算机屏幕上）、远程监控（通过通信网络将视频信号压缩数据进行远程传输，在远端将视频信号压缩数据解压并显示在远端计算机屏幕上）、智能报警（通过视频运动检测或外接各类报警探头等方式感应各类警情，并可根据需要进行录像和声光报警等多种报警联动操作）和控制（通过硬盘录像主机对云台、电动镜头等设备进行遥控以达到需要的最佳监看效果，或通过对继电器的控制达到对诸如电动门、照明灯等外围设备的遥控）。

　　监控中心系统拓扑图如图 5.4 所示。

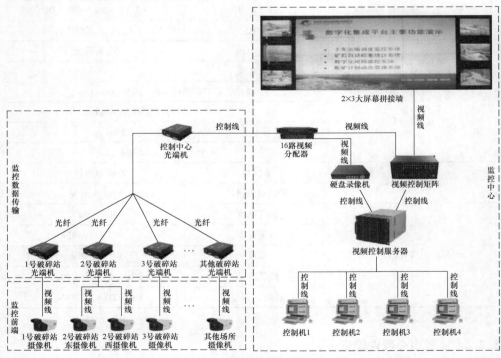

图 5.4　监控中心系统拓扑图

　　控制中心：主要由多媒体硬盘录像机（视频网络）、视频控制矩阵、操纵控制键盘和视频监控服务器等部分构成一个联网控制系统，由控制计算机进行统一控制和管理。

　　调度室辅助输出设备：调度室标配 1 台 16 路硬盘录像机，整屏尺寸为 3660mm×1830mm 的大屏幕拼接墙，6 台 21 寸高分辨率工业电视均安装在控制柜内组成大屏幕显示系统，对所有摄像头所采集的图像进行监视。系统配备 1 台 16 路硬盘录像机，通过时分多址方式将 16 路音视频信号分别记录在各自的硬盘录像机设备上，可以单画面、4 画面、9 画面或 16 画面等多种模式显示、检索、回放记录的视频图像，同时工作人员可以通过键盘对录像方式进行编程控制，设定或调整视频采样频率，并对所选定的摄像机提供优先显示。

　　此外配备一台视频控制矩阵，主要功能是将一个完整的图像信号划分成 N 块后分配给 N 个视频显示单元（如背投单元），完成用多个普通视频单元组成一个超大屏幕动态图像显示屏。该矩阵可以支持多种视频设备的同时接入，如：DVD、摄像机、卫星接收机、机顶盒、标准计算机 VGA 信号。拼接控制器可以实现多个物理输出组合成一个分辨率叠加后的超高分辨率显示输出，使拼接墙构成一个超高分辨率、超高亮度、超大显示尺寸的逻辑显示屏、完成多个信号源（网络信号、RGB 信号和视频信号）在屏幕墙上的开窗、移动、缩放等各种方式的显示功能。

　　监控中心是整个电子视频监控系统的核心部分，在这里可以观察到各监控点的具体情况，调度室 4 台 21 寸显示器全部安装在一个控制柜内。操作人员可通过计算机键盘和鼠标控制监控点的云台和镜头的动作进行细节监视。采用硬盘录像机（16 路）进行实况监控及录像。硬盘录像机和显示器都安装在控制机柜内，可一机多用，既可控制前端设备及录像又可兼作网络视频服务器，通过企业网络（TCP/IP）实现客户端多点多级的远端控制与网上浏览（加装客户端接收软件），同时又可作为数码录像机进行 16 路长时间数码录像。监听话筒声音清晰保真度好。

　　针对大屏幕投影拼接墙的建设目标、使用要求和物理环境情况，设计了一套大屏幕投影拼墙系统方案。将国际最卓越的高清晰度数码显示技术、投影墙拼接技术、多屏图像处理技术、多路信号切换技术、网络技术、集中控制技术等应用集合为一体，使整套系统成为一个拥有高亮度、高清晰度、高智能化控制、操作方法最先进的大屏幕显示系统。

　　根据实际工程实施经验，建议组合屏底座高度在 100cm 左右，控制台到大屏幕的观看距离不小于 2.5m。同时，为了方便安装维护，投影单元箱体后面需要保留净空间 60cm。

　　为便于实现整体布线及未来的扩容，监控室、机房应同时考虑为地面铺设防静电地板，地板下地面应经过处理，保持光滑、平整、不起尘。同时有条件的矿山企业可就近安排建设研讨室，以便研讨室能观察到大屏显示。

　　为实现管理层人员在监控中心对矿区内设备的统一管理，系统将图像调用以及所有用户权限进行统一分配和管理，以保证整个系统性能稳定，使整个矿区系统具有处理突发事件的应急工作能力。

通过模拟、数字、IP 方式实现对矿区各分控中心的管理、监督和指挥，并能对各监视器视频资源进行实时预览和回放、报警系统状态查询、报警信息处理、基于 GIS 系统的监控管理等操作。

系统管理平台主要由管理服务器、流媒体服务器、报警服务器、存储服务器、Web 管理服务器、卡口服务器、电子警察服务器、GIS 服务器和管理操作设备组成。系统组成示意图如图 5.5 所示。

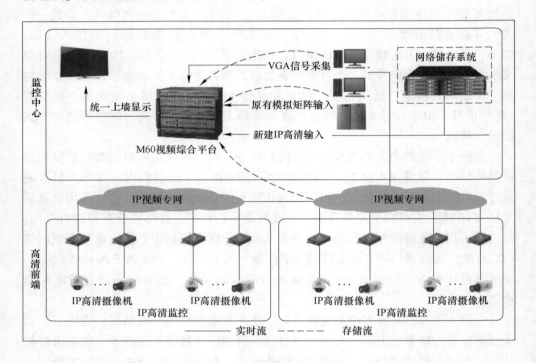

图 5.5　监控系统流程图

IPSAN 存储阵列：对矿区各个基础存储系统中有价值的视频图像资源进行备份。

控制键盘：实现对矿区前端摄像机的控制与切换。

视频综合平台：输入端实现对各视频源的综合接入和管理，支持网络视频源、模拟视频源、SDI 信号源视频的混合接入；输入端实现原有模拟矩阵系统的整合，支持大屏画面任意拼接、分割、图像漫游功能。

电视墙：接收解码器输出的高清视频信号。

PC 客户端：实时监控、录像下载、业务应用。

5.2.3 无线通信网络系统

矿区的 LTE 专有网络建设主要包括采场、办公楼、破碎站等的无线网络覆盖，矿区的业务系统建设目前以卡车调度系统、无线数据传输为主，未来业务可以拓展，其整体架构如图 5.6 所示。可支持语音集群对讲系统等其他数字化矿山系统应用的监控监测数据承载。基于 LTE 平台高带宽，高容量的特点，依托 LTE 平台，可扩展集群对讲等应用。利用无线集群技术，实现矿区范围内对讲通话，包括调度室、车载台、手持对讲机设备等。

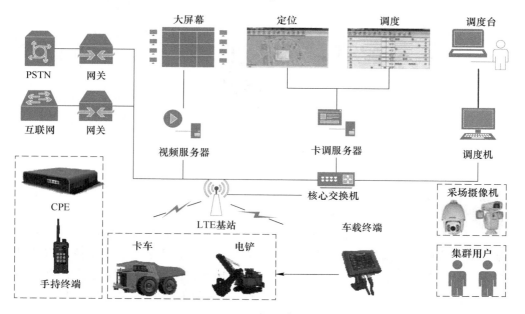

图 5.6 矿区的 LTE 专有网络建设架构图

GPS 生产调度系统中无线通信系统主要采用数传电台、GPRS 或局域网通信方式，其中数传电台技术经济上具有一定的局限性，需要自己建设基站，并且需要专人进行维护，投资维护成本大。经现场实际考察，根据当前可用技术的经济成本分析，建议系统采用公用 GPRS 传输网络，如图 5.7 所示，其主要优势有以下 6 点：

（1）建设成本低：整个通信网络系统建设、维护全部由移动通信运营商承担，不增加企业的任何经济负担，并且设备安装即接通。而采用其他通信方式都需要充分考虑现场环境，须自行配备天线铁架等通信设备。

（2）安装调试简单，通信费用低：利用现有成熟 GSM 网络，系统投入运行时基本不需要调试，安装简捷，而采用其他通信方式时安装调试工作量大，要先

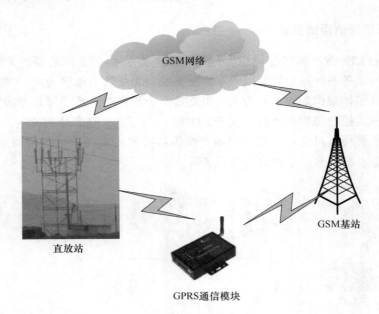

图 5.7　无线通信网络系统

进行现场信号测试、天线铁架架设、天线方向角度调试等工作。由于 GPRS 采用包月计费的方式，运营维护成本低。

（3）覆盖范围广：构建调度监控系统要求数据通信覆盖范围广，扩容无限制，接入地点无限制，能满足山区、乡镇和跨地区的接入需求。由于监控点数量众多，分布在不同范围内，部分矿区位于偏僻地区，而且地理位置分散。采用超短波通信方式，覆盖范围只有 30 多公里；而采用 GPRS 方式，理论上在无线 GSM/GPRS 网络的覆盖范围之内，都可以实现调度监控。

（4）良好的实时响应与处理能力：由于 GPRS 具有实时在线特性，系统无时延，能够同时实时收取、处理多个/所有监测点的各种数据，无需轮巡就可以同步监测点的时钟，可很好地满足系统对数据采集和传输实时性的要求。

（5）数据传输速率高：GPRS 网络传送速率理论上可达 171.2kbit/s，实际应用时数据传输速率在 40kbit/s 左右，而目前一般的超短波数传电台传送速率多为 2.4kbit/s 或更低。

（6）系统的传输容量大：生产调度中心要和每一个车载终端实时连接。由于车载终端众多，系统要求能满足突发性数据传输的需要，而 GPRS 技术能很好地满足传输突发性数据的需要。

通信系统是整个卡车调度管理系统的中枢神经，通信网络将系统的各个部分串联起来。通信网络的各项指标参数，例如：通信距离、通信速率、通信质量都影响着一套网络系统的使用效果。

建设一套卡车调度管理系统，监控中心要实时掌握现场的设备的生产情况，这样对于网络的实时性的要求就很高。由于矿区作业区域开阔，矿山地形复杂对通信系统的覆盖范围要求极为苛刻。

将需要的信息划分为三类：一类是所有应用的公共信息，另外两类分别是永久信标和警告特殊信息。请注意永久信标实际上是周期性的，但是是高频率的，将其称之为永久性是为了区分于警告。

需要在车载网络发送的公共信息（封装为包头）包含：

（1）带时间戳的 msgID。

（2）nodeID，表明一个唯一的 ID，可能是一个 IP。

（3）ownNodeType 表明是车辆或者路侧单元。

需要在车联网通过永久信标发送的信息包含：

（1）遥测的数据：周围所有车辆的位置（包含当前车道）、速度、加速度、方向和偏航角，同时包含车辆自身的信息（发现和位置更新）。

（2）位置可信度：该参数可能受定位信号强度的影响。

（3）车辆内部参数：如转向信号状态（左转、右转或者无信号），ABS、ESP 状态（指示湿滑路段），制动响应时间（基于车辆重量、轮胎条件）。

除了以上的永久消息，还会发送警告信息，附加如下信息：

（1）湿滑的路段区域。

（2）风向和速度方向。

（3）一些其他的交通相关的通知，例如危险或施工区域。

（4）信息的优先级。

（5）信息的生存期（TTL）表明警告激活的时间帧。

（6）发送者设置信息的可靠性。

另外，一些应用要求通信信息中包含数字地图，以提供道路几何，如车道数和海拔。

为了表述上述信息，要求使用矢量。例如速度矢量要求附加两个字节存储节点速度和方向的信息。第一个字节编码为方向，范围为 0～127（7bit），其中 MSB 指示速度矢量信息是否可获得。第二个字节存储速度，单位为 km/h。但是这样限制了最大速度范围为 0～255。

对于永久信标，位置服务的采样频率必须比消息发送的频率要短，否则会出现数据不匹配的可能。数据发送的频率应为 2～20Hz（即 50～500ms），然而 GPS 的采样频率是 1Hz，因此，普通的 GPS 系统不适合。

对于警告类型的消息不需要高频率，频率大概在 2～30s，取决于警告的类型（在弯路之后的车辆发送的消息更新的频率比交通信息要高就够了）。警告类型是事件型，它们在一段时间内有效，该段时间也即生存期（TTL）。

5.2.4　调度中心显示系统

调度中心显示系统主要由监控和显示两部分组成，对系统中分散的多条线路信息进行整理分析和综合评定之后进行调度的控制，比如对前方的监控视频进行解码上屏显示。调度中心也是整个系统信息处理、监视和控制的中心机构，它根据各种系统当前运行状况和预计的变化进行判断、决策和指挥。调度中心在调度和危机处理等事件中起着领航导向的作用是矿山企业正常运行的核心保证。

调度中心显示系统功能要求：

（1）显示效果清晰自然，分辨率高，动态效果流畅，可以很好地体现出矿山现场的画面像素和色彩。

（2）能实现单屏显、组合显、整屏显、叠加漫游等功能，可以任意调取一路视频信号进行放大、叠加显示。

（3）科学、高效、节能的实现调度和管理，通过大屏幕系统和指挥中心的建设运营，逐步实现资源统一调控、运输过程统一监控、信息集散共享，从而构筑运转高效、成本节约的矿山运输调控体系。

（4）可以实现实时的矿山工作区监控画面显示、实时视频等多种应用处理和集成功能，完全满足信息集中显示、大数据量处理、实时准确显示的需要。

（5）配合 GIS、GPS 系统显示控制提升运输数据集成水平，借助信息化手段，实现井上井下矿车的实时跟踪与监控。

调度中心显示系统采用液晶大屏幕拼接技术、多屏图像处理技术、多路信号切换技术、网络技术、集中控制技术等进行设计实现，是一套拥有高亮度、高清晰度、高智能化控制、操作方法最先进的大屏幕显示系统。

调度中心显示系统主要是矿业公司调度中心显示系统，如图 5.8 所示。其中调度中心显示系统主要用于组织各自采场内的生产调度，完成各自独立的生产调度功能；而矿业公司调度中心显示系统可以通过远程集中控制技术，实时监控采场内的视频信息，也可以通过露天矿 GPS 生产调度系统客户端实时查看两个矿区采场内的生产设备作业情况及生产数据等信息。

矿业公司调度中心显示系统。系统投影拼接墙由 6 套进口 80″液晶一体化显示单元拼接而成（横向 3 排，纵向 2 列），规格如下：

单屏尺寸：　　　1220mm（宽）×915mm（高）

整屏尺寸：　　　3660mm（宽）×1830mm（高）

墙体厚度：　　　790mm

单屏分辨率：　　1024×768

全墙分辨率：　　（1024×3）×（768×2）= 3072×1536

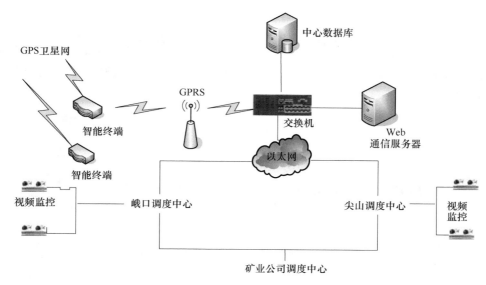

图 5.8 调度中心显示系统结构图

上述系统的主要特点：

（1）整个投影屏具有高分辨率、高亮度、高对比度，色彩还原真实，图像失真小，亮度均匀，显示清晰，单屏图像均匀性好。

（2）具有显示分辨率叠加功能，可以以超高分辨率全屏显示电子地图、地理信息系统、工业流程图、工业监控信息等。

（3）支持多屏图像拼接，画面可整屏显示，也可分屏显示，不受物理拼缝的限制，图像任意可漫游、移动，开窗口、放大、缩小。

（4）能够将多路输入信号进行重新组合，再现于投影组合屏上，信号源的显示切换过程无停顿、无滞后感、无黑屏现象。

（5）可同时显示多路视频窗口，每个窗口均能够以实时、真彩的模式显示支持多用户操作资源共享，网络上的每个用户都可对大屏幕进行实时控制操作。

（6）显示系统的各种功能操作实行全计算机控制，并可通过网络连接进行远程遥控。

（7）能实现组合屏整体/单屏的对比度、亮度、灰度、色彩、白平衡等参数的统一调节，全中文的操作界面易于掌握，操作灵活方便。

（8）大屏幕投影系统能长时间连续稳定运行，整套系统具有先进性、可靠性和扩充性，操作简单，维护方便，使用寿命长。

（9）投影系统的投影单元及控制系统均采用模块化、标准化、一体化设计，安装调试简单，易于维护保养。

（10）大屏幕投影系统可以与现有及将要建设的各种计算机系统联网运行，可接入多种图像信号，支持4路视频信号输入、2路计算机信号输入及网络信号的输入显示（Composite Video，S-Video，PAL，NTSC 等），整体连接情况如图5.9 所示。

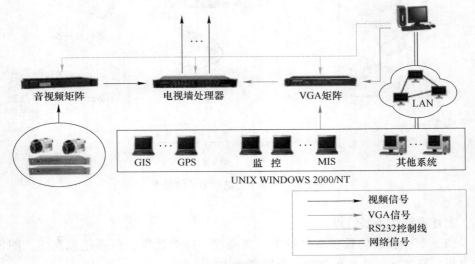

图 5.9　系统连接图

5.2.5　GPS 差分基站系统

GPS 是当前行车定位不可或缺的技术，在无人驾驶定位中承担着至关重要的职责。GPS 系统包括太空中的 32 颗 GPS 卫星，地面上 1 个主控站、3 个数据注入站和 5 个监测站及作为用户端的 GPS 接收机。最少只需要其中 3 颗卫星，就能迅速确定用户端在地球上所处的位置及海拔位置。当前的 GPS 系统使用低频信号，纵使天气不佳仍能让信号保持相当的穿透性。

GPS 差分基站系统主要技术为三维测量法定位、距离测量、精准时间戳及差分技术。

三维测量法定位：利用卫星基本三角定位原理，GPS 接收装置以量测无线信号的传输时间来量测距离。由每颗卫星的所在位置，测量每颗卫星至接收器间距离，便可以算出接收矿车所在位置的三维空间坐标值，用户只要利用接收装置收到 3 个卫星信号，就可以定出矿车所在的位置，当然，一般的 GPS 接收装置都是利用 4 个及以上的卫星进行测量的。

三角定位的工作原理如下：

（1）假设测量得出第一颗卫星距离矿车 18000km，那么可以把当前位置范围限定在距离第一颗卫星 18000km 半径的地球表面上的任意位置。

（2）假设测量到第二颗卫星的距离为 20000km，那么可以进一步把当前位置范围限定在距离第一颗卫星 18000km 及距离第二颗卫星 20000km 的交叉的区域。

（3）再对第三颗卫星进行测量，通过三颗卫星的距离交汇点定位出当前的位置。通常，GPS 接收器会使用第四颗卫星的位置对前三颗卫星的位置测量进行确认以达到更好的效果。

理论而言，测量距离十分简单，只需要用光速乘以信号传播的时间便可以得出我们想要的距离信息。但值得关注的是测量的时间不能有误差，但凡有一点误差都会造成距离上的巨大误差。虽然可以通过在每一颗卫星上安装原子钟提高测量时间的精确度，但是原子钟的成本昂贵，要想实现每一颗卫星上都安装一个，十分不现实。因此，为解决卫星距离测量存在着卫星钟误差与延迟导致的误差问题，差分技术就由此诞生，可以利用差分技术来抵消或者降低这些误差，让 GPS 达到更高的精度。差分 GPS 的运行原理十分简单，如图 5.10 所示。

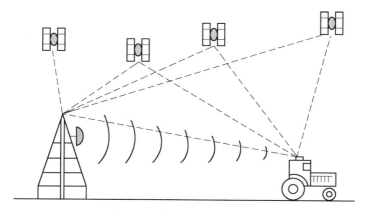

图 5.10　差分 GPS 定位原理

如果两个 GPS 接收器的距离十分接近，那么两者接收的 GPS 信号将通过几乎完全一致的大气区域，因此两者的信号将具有非常近似的误差。如果能精确地计算出第一个接收器的误差，那么就能利用该计算误差对第二个接收器的结果进行修正。但问题的关键是如何精确地计算出第一个接收器的误差？解决该问题的关键就是在已知的矿山上建设供 GPS 参考的接收器基准站，该基准站的位置信息是精确的，同时安装在基准站上的 GPS 接收器观测 4 颗卫星后便可以进行三维定位，计算出基准站的测量坐标，然后将测量坐标与已知坐标进行对比，就可以计算出误差。基准站再把误差值发送给方圆 100km 内的差分 GPS 接收器去纠正它们的测量数据。

GPS 差分基站系统主要考虑利用矿山已有的测量差分基站，但由于各个厂家之间的协议有所差异，建议采用如下设计方案：

采用双基站系统，即安装两套独立的 GPS 差分设备，如图 5.11 所示，包括两部接收机、两部接收天线及配套电缆等，互为备份，当其中一套由于故障而无法工作时，另一套还可以继续播发差分改正数。

GPS 基准站系统负责生成并播发 GPS 差分改正数，它的差分服务应保证覆盖采场作业区。由于采用码差分模式，同时兼顾到 GPRS 无线数据带宽，计划每 10s 播发一次差分改正数，差分改正数采用标准 RTCM 格式。

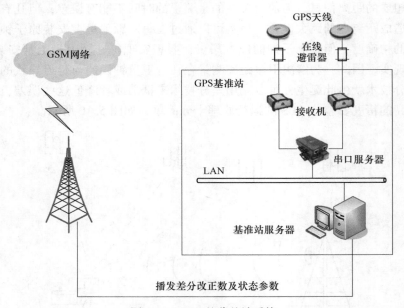

图 5.11　GPS 差分基站系统

GPS 基准站系统分别采用 NovAtel FlexPak 接收机和 NovAtel GPS701 天线。

GPS 基准站系统接收到信号后，求出 GPS 实时相位差分改正值，然后将改正值通过数传电台及时传递给流动站精化其 GPS 观测值，从而得到更为精确的实时位置。同时为保证矿区 GPS 基准站的正常使用，矿区在建设基准站时，需要注意大于 25W 的数据链电台的发射天线，应距离 GPS 接收天线至少 2m，最好在 6m 以上；发射天线与电台的连接电缆必须展开，以免形成新的干扰源。

5.2.6　云服务器及存储系统

服务器及存储系统是企业信息化的硬件核心，是承载信息系统运行的硬件基础。服务器和存储系统的性能与稳定性，直接决定了企业信息系统是否能持续高效地提供服务。

建立高效、可靠、安全的服务器及存储系统是企业信息中心在考虑建设方案时的首选目标。另外企业的信息化又是一个持续增长和不断完善的过程，随着企业业务的发展，也会对信息化系统提出更多和更高的要求。所以在服务器和存储系统设计选型的时候，既要在满足现有系统运行要求的前提下尽可能节省资金，又要保障未来系统扩充和业务增长时提供持续升级和平滑扩展的能力，以保护前期在硬件上的资金投入。

智慧矿山建设必将应用大量的信息化系统，如生产执行管理系统、实验室信息管理系统、ERP、OA 等，这些系统可能来自不同厂家、采用不同技术构建，必然需要众多的服务器承载其运行。服务器运维面临着如何更好地管理及维护服务器产品、提高硬件使用率、保护数据安全及服务不间断、减少运维成本等诸多问题。

传统的服务器构架模式中，因为不同信息系统需要不同的运行环境和出于安全性、稳定性的考虑，物理服务器一般采用专机专用的方式。也就是说，一台物理服务器只安装一个关键业务程序。专机专用的方式存在以下几个方面的主要问题：

（1）服务器利用率低：当今的企业级服务器都具备多路多核心处理器和大内存的性能优势，而单一业务系统大多数时间对服务器的利用不足 20%。

（2）服务的连续性无法保障：一旦物理硬件故障，业务系统便无法继续提供服务。

（3）设备初期采购成本高：因为采用专机专用方式，要为每个业务系统都单独采购服务器，造成初期采购成本偏高。为保障关键业务系统的连续性，传统 IT 构架中又会对这些部分进行双机热备，更造成初期采购成本的成倍增加。

（4）设备运维成本高：因为前几点原因造成服务器数量偏高，直接导致运行期间电费的居高不下，同时机房降温成本和设备维护成本也会增加。

（5）系统扩展性差：当有新业务系统需要部署时，无法利用原有设备的剩余能力，需要新增服务器，造成后期扩展和升级成本较高。

近年来虚拟化和私有云技术的出现，为企业解决传统服务器架构面临的众多问题提供了新的解决方案。

IT 基础架构从传统的服务器上部署应用和数据库，升级为应用和数据库部署在虚拟化平台上，如图 5.12 所示。可将网络、服务器、存储等资源进行虚拟化，形成虚拟资源池，依托云平台，将资源动态、灵活、可伸缩地提供给应用软件使用。

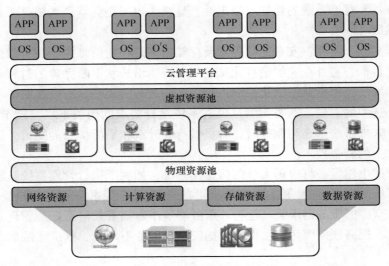

图 5.12 企业私有云基础架构

私有云解决方案在服务器虚拟化的基础上，将计算资源、存储资源、网络资源以组织（或虚拟数据中心）的方式向最终用户提供。采用私有云方案，IT 部门可将基础资源以"服务"的形式对外发布，最终用户可根据实际需求申请所需资源。使用过程中，如资源不足，还可对资源进行动态调整。私有云方案使企业 IT 部门成为基础资源服务的运营商，IT 部门可以根据不同部门的业务需求设置多种套餐服务，将这些服务通过服务目录的形式进行发布供各部门使用，并能够对各种服务进行管理和调度。

虚拟化技术是动态 IT 的关键组成部分，可前瞻性地响应业务变动，并快速有效地抓住机遇。通过服务器虚拟化、应用程序虚拟化、展现层虚拟化提供更为敏捷的环境，提供更多级别的收益。

华为、联想、浪潮和国外 Oracle 等厂商都推出了软硬一体的私有云解决方案，这些解决方案其软硬件的结合更紧密，更具整体性，可为企业提供一站式完整解决方案。著名的虚拟化方案提供商 VMware 公司的 vSphere 是目前应用最广的商业化解决方案，获得 IBM、HP、DELL 等众多硬件厂商支持，具有更好的兼容性和扩展性。

5.2.7 无人驾驶装备设计与改造

为实现矿卡在露天矿生产环境下的无人驾驶，需要具备路径规划、自主循迹和自动避障的功能。在新能源电动卡车的研发基础上，首先通过对无人驾驶车辆的底层改造和车身控制设计，研制矿用卡车无人驾驶系统集成平台。其次根据功能需要，集成车载轮速传感器、惯导系统、激光雷达、机器视觉等相关传感器。最后综合应用信息融合、高精度组合导航定位、模式识别、机器视觉及智能控制等多门前沿学科，以实现环境感知与建模技术、自主导航定位技术、自动规划及自主避障的关键技术，使矿卡具备自动驾驶能力。总体设计的结构如图 5.13 所示，由左至右，分为环境感知层、规划与决策层和控制层。

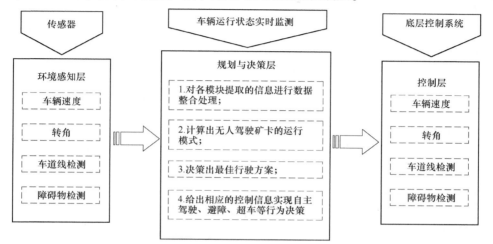

图 5.13 无人驾驶卡车控制系统总体设计

5.2.7.1 卡车平台选型

卡车平台的硬件基础和软件扩展能力是研发自动驾驶系统的基础，直接影响着改造后的无人驾驶矿车稳定性、动力系统性能和可改造空间。为满足卡车在露天矿区正常运行，卡车采用自主研发设计的无人卡车底盘。在满足一般要求的情况下应尽量减小卡车的外廓尺寸，以减小卡车自重，提高汽车的动力性、经济性和机动性。无人纯电动矿卡底盘构造和外观如图 5.14 所示，详细参数如表 5.3~表 5.5 所示。

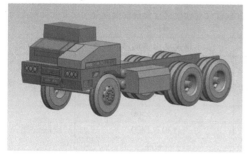

(a)   (b)

图 5.14 无人纯电动矿卡的底盘和外观

（a）矿卡底盘；（b）矿卡外观

表 5.3 无人纯电动矿卡外观参数——结构尺寸　　　　　（mm）

项 目 名 称		YX3600EV1	检验方法
整车外形尺寸	车长	8500	GB/T 12673
	车辆宽	2480	
	车辆高	3450	
	轴距	3800+1450	
	前悬	2550	
	后悬	3350	
	前轮距	2101	
	后轮距	1860	
货箱尺寸	地板面离地高（空载）	≤380	测量
	货箱长度	5800	
	货箱宽度	2300	
	货箱高度	1150	

表 5.4 无人纯电动矿卡外观参数——整车质量参数

项 目 名 称	YX3600EV1	检验方法
整车整备质量/kg	12800	GB/T 12674
空载轴荷分配（前轴/后轴）/kg	3450/9350	
最大总质量/kg	25000	
满载轴荷分配（前轴/后轴）/kg	12000/13000	

表 5.5 无人纯电动矿卡外观参数——主要组成

项 目 名 称		YX3600EV1	检验方法
转向系统	前束/mm	0~1.5	仪器测量
	前轮外倾角/(°)	0	
	主销内倾角/(°)	8	
	主销后倾角/(°)	2°12′	
	前轮最大转向角（内/外轮）/(°)	41/32	
	转向器型式及型号	循环球式动力转向/ZF8098	
主驱动电机	型号	YQW225D-17A-RA2	电脑检测
	型式	永磁同步电机	
	额定功率/峰值功率/kW	215/350	
	额定转速/最大转速/r·min^{-1}	1700/3500	
	额定转矩/最大转矩/N·m^{-1}	1207/2800	
	母线电压/VDC	600	
	额定电流/A	320	
	绝缘等级/防护等级	H 级/IP67	
	电机控制器型号	SD-V6-H-4D250G	

项 目 名 称		YX3600EV1	检验方法
变速器	型号	法士特 12JS180T	查看
	挡位	12 挡	
	速比	1.31/2.588	
动力电池	电池型号	352Ah×3.2V	电脑检测
	电池种类	磷酸铁锂动力型电池	
	单体电压范围/V	2.5~3.65	
	单箱标称电压/V	76.8	
	单箱能量/kW·h	27.03	
	单箱重量/kg	234	
	额定容量/A·h	352	
	电池组额定电压/V	537.6	
	电池组工作电压范围/V	DC470.4~613.2V	
	电池组额定能量/kW·h	189.235	
油泵气泵控制器型号		SD-V6-H4D5.5G&5.5G	
整车控制器型号		SD-VCU-01&02	
主减速器速比		6.43	
轮胎类型		12.00R20	
轮胎最大充气压力（前/后轮）/kPa		850	

5.2.7.2 矿卡底盘及动力传动设计

卡车底盘作为支撑、安装卡车发动机及其各种部件组成，形成卡车的整体造型，并接受发动机的动力，使卡车产生运动，保证正常行驶，其主要由行驶系统、动力传动系统、转向系统和制动系统四部分组成。下面主要介绍行驶系统和动力系统的设计：

（1）行驶系统。行驶系统通过接受有发动机经传动系统的转矩，并通过驱动轮与路面的附着作用，产生卡车牵引力，以保证卡车正常行驶；传递并承受路面作用于车轮上的各向反作用力及其所形成的力矩；此外应尽可能地缓和不平路面对车身造成的冲击和震动，保证卡车行驶平顺，并且与卡车转向系统很好地配合工作，实现卡车稳定操控。由于矿区露天开采卡车运输道路状况复杂，制约了卡车的长度、质量、最小转弯半径、传动轴的长度、纵向通过半径和许多使用性能。合理布局底盘可使卡车灵活机动，通过能力强，传动效率高。

无人纯电动矿卡底盘采取前二后八布局，使用高强度大梁，前轴使用承载9.5t前桥匹配11片弹簧钢板，后轴使用承载16.5t双后桥匹配12片弹簧钢板，确保无人纯电动矿卡承载能力及稳定性；在前轴与后轴中间大梁位置及从卡车前平台上方布局新能源电池仓；在距大梁前段 1885mm 处中央布局整车驱动机构，前桥不与驱动机构干涉且拥有良好的离地空间；驱动机构后端通过传动轴连接后桥输出动力。

（2）动力传动系统。动力传动系统的首要任务就是与发动机协调工作，以保证卡车在不同的使用条件下正常行驶，并具有良好的动力性和经济性。此外它的四个基本功能是变速和减速、实现卡车的前行后退、必要时中断传动和差速功能。无人纯电动矿卡基于新能源技术采用电力驱动，动力传动系统是将动力由驱动电机通过传动连接机构、离合器、变速箱、传动轴传递给后桥驱动轮。

无人纯电动矿卡动力主要由动力电池储存输出电力、三合一控制器协调分配控制电力传递给驱动电机实现的。由于露天矿区地形复杂，路面状况差，坡度大，为确保矿卡正常工作，需配备高密度高容量电池、稳定性能优越抗干扰的三合一控制器及高功驱动电机来满足矿卡高强度作业要求。

1）动力电池：动力电池采用高密度磷酸铁锂电池，六块动力电池装入电池仓分别布局在车身前轮与后轮之间的大梁空区及前端平台上。确保有足够的离地空间，通过性强，节约车内空间，提高载物量。动力电池及电池仓布局如图 5.15所示。

动力电池

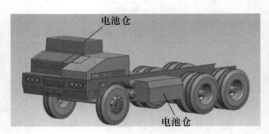

电池仓分布

图 5.15　动力电池及电池仓布局图

整车工作电压范围为 DC 470.4~613.2V，额定容量为 189kW·h，超大容量电池组，保证矿卡重载要求。单体动力电池参数如表 5.6 所示。

表 5.6　单体电池参数表

序号	项　目		参数	备　注
1	标称电压/V		96.6	
2	工作电压范围/V	min	75	单体 2.5~3.65V
		max	109.5	

续表 5.6

序号	项 目	参数	备 注
3	额定容量/A·h (23±2)℃，0.5C，100%DOD	32.11	出货容量不小于额定容量
4	储蓄电量/kW·h (23±2)℃，0.5C，100%DOD	27.033	
5	寿命终止剩余容量/A·h	>281.6	额定容量的80%
6	质量/kg	≤191±10	不含托底、高压箱
7	最大连续充电电流/A	200	最大充电倍率1C
8	最大连续放电电流/A	320	最大放电倍率1C
9	SOC工作范围/%	20~100	
10	出货时荷电量（SOC）/%	20~50	同组出货SOC状态一致
11	外形尺寸/mm×mm×mm	1101×620×245	最大尺寸

2）电池工作环境温度范围：充电 0~60℃，放电−20~60℃；短期储存温度范围（1个月）：−20~45℃；海拔：≤5000m；相对湿度：≤95%RH。六块电池通过高压线束串联接至电池控制器如图5.16所示。

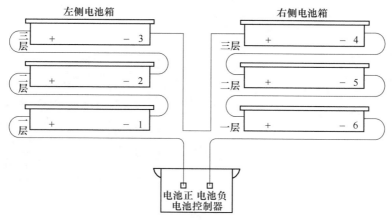

图 5.16 电池组连接示意图

3）三合一控制器：三合一控制器主要作用在于协调管理电池组为电机驱动器提供电力；控制水泵为动力传动系统散热；控制油泵为转向系统提供辅助动力；控制气泵配合启动刹车。三合一控制器位于卡车前段平台上方。

4）驱动电机及驱动器：驱动电机采用高效永磁体，并使用外转子结构，使永磁体利用率最大化并减少材料使用量；电机控制器采用汽车级IGBT模块，性能稳定，可承受高温，具有同类产品最高的功率密度等级；电机峰值扭矩为

2800N·m，最大功率可达350kW，是传统燃油车动力的1.5倍。

5）传动连接机构：传动连接机构的作用是将驱动电机动能传递给离合器及变速箱。传动连接机构主要由联接体、花键轴、高强度轴承、花键套、轴承套重要零件组成。

6）变速箱及换挡机构：动力传动系统是卡车的核心组成部分，其任务是调节、变换发动机的性能，将动力有效而经济地传至驱动车轮，以满足卡车的使用要求。变速箱是完成动力传动系统任务的重要部件也是决定整车性能的主要部件之一。变速箱用来改变发动机传到驱动轮上的转矩和转速，目的是在各种形式状况下，使卡车获得不同的牵引力和速度，同时使发动机在最有利的工况范围内工作。变速箱由变速传动机构和操纵机构组成。

为保证无人纯电动矿卡在复杂的露天矿区正常运行，其变速箱采用法士特12JS180T，能够有效传递动能的同时，还能保障整车平稳行驶；无人纯电动矿卡使用无人驾驶系统，无需人工操作，因此特意研发使用无人智能换挡机构（如图5.17所示）。

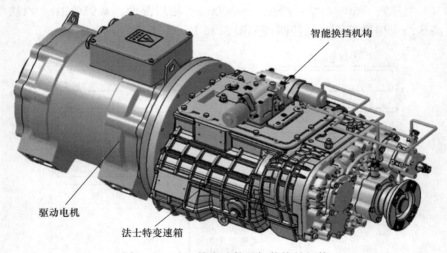

图5.17　法士特变速箱及智能换挡机构

无人纯电动矿卡运行过程中无人驾驶系统根据矿卡运行状况发出指令信号给整车控制器VCU，VCU执行判断给智能换挡机构输出指令信号，由智能换挡机构的步进电机根据脉冲信号控制换挡拨片实现快速、稳定、精确换挡。智能换挡机构如图5.18所示。

无人纯电动矿卡的底盘动力传动系统传动效率高，经济效益好；节省布置空间，实现整车全通道低地板；设计最佳匹配方案以及精确的力矩控制方案，最大限度地提高驱动系统的效率、整车加速性能、爬坡性能以及延长续航里程。

步进电机　　　　　　　　　换挡拨片

图 5.18　智能换挡机构

无人纯电动矿卡基本性能参数如表 5.7 所示。

表 5.7　整车基本性能参数表

项　目　名　称			无人纯电动矿卡	检验方法
最小转弯直径/m			≤24	GB/T 12540
接近角/(°)			≥30	GB/T 12673
离去角/(°)			≥27	
最小离地间隙/mm			≥300	
最高车速/km·h⁻¹			≥80	GB/T 18385
最大爬坡度/%			≥20	
静止至 30km/h 的加速时间/s			≤6	
30km/h 加速至 50km/h 所需时间/s			≤5	
初速 50km/h 的滑行距离/m			≥800	GB/T 12536
能量消耗率（半载，不开空调)/W·h·km⁻¹			≤1000	GB/T 18386
续驶里程（半载，匀速 40km/h，不开空调)/km			≥100	
制动性能	冷态制动（30km/h，满载)	距离/m	≤10	GB 7258—2017
		MFDD/m·s⁻²	≥5.0	
		踏板力/N	≤700	
		制动稳定性	不得超出 3.0m 车道	
	驻车制动性能（20%坡道)		驻车 5min 车辆不动	GB 258—2017（用于出厂检验)
	制动力总和与整车质量的百分比/%		≥60（空载)	
	轴制动力与轴荷的百分比/%		前轴：≥60	
	驻车制动力总和/整车质量/%		≥20	
	左右轮制动力差/后轮制动力小于轴载质量 60%时/%		前轴 20；后轴：24/8 之间	
侧滑	转向轮侧滑量/m·km⁻¹		在±5 之间	

项　目　名　称		无人纯电动矿卡	检验方法
噪声	加速行驶车外噪声/dB（A）	≤80	GB 1495
	车内噪声/dB（A）	≤76	GB 7258—2017
	驾驶员耳旁噪声/dB（A）	≤76	GB 7258—2017
平顺性等效均值（Leq dB）		≤117	GB/T 4970
侧倾稳定角/（°）		≥35	GB 7258—2017
转向系统	前束/mm	0~1.5	仪器测量
	前轮外倾角/（°）	0	
	主销内倾角/（°）	8	
	主销后倾角/（°）	2°12′	
	前轮最大转向角（内/外轮）/（°）	41/32	
	转向器型式及型号	循环球式动力转向/ ZF8098	
动力电池组	电池型号	352A · h×3.2V	查看
	电池种类	磷酸铁锂动力型电池	
	电池组额定电压/V	DC540	
	电池组工作电压范围/V	DC470.4~613.2V	
	单体质量/kg	234	
变速器	型号	法士特 12JS180T	查看
	挡位	12 挡	
	速比	1.31/2.588	
质量	整备质量/kg	19800	
	额定载荷质量/kg	40000	
	总质量/kg	60000	
油泵气泵控制器型号		SD-V6-H4D5.5G&5.5G	电脑检测
整车控制器型号		SD-VCU-01&02	
主减速器速比		6.43	
轮胎类型		12.00R20	
轮胎最大充气压力（前/后轮）/kPa		850	

5.2.7.3　底层系统的硬件改造

（1）转向系统：工控机通过差分 GPS 的数据，分析出车辆姿态矢量，将此数据和设定好的轨迹数据进行对比，从而发出车辆的转向指令，驱动转向马达，控制车辆方向。

（2）加减速控制：行进到轨迹中，车辆按照轨迹中设定的速度要求，控制油门加减速。油门通过单片机模拟量模块直接控制车辆电机扭矩实现。

（3）刹车控制：刹车分为驻车制动刹车、主动刹车和被动刹车。

（4）主动刹车：当工控机检测到车辆的速度高于设定速度，工控机通过检测超速值，得出刹车力度指令，此指令换算成模拟量，控制刹车比例阀动作，刹车的气压值直接对应刹车力度。

（5）被动刹车：当刹车激光传感器感应到车辆前 15m 内有障碍物，行人或车辆时，车辆开始逐渐刹车，距离 2m 时，车辆完全停止。当车辆超声波传感器检测到突发情况时，紧急刹车制动。

（6）驻车制动：车辆在没有油门指令的任何情况下，均采取驻车制动措施，防止车辆意外移动。

（7）人工紧急停车：在车身两侧各设计了一个紧急停车开关，万一发生车辆异常状况，可人工协助停车。

（8）速度限制：车辆在自动模式下，根据矿区要求，自动限制最高车速为 15km/h。

（9）前进/空挡/后退控制：工控机发出对应的开关量指令，通过并联在挡位开关的上线路，切换挡位。

（10）车辆路权分配：所有车辆的 GPS 信号直接发送到控制中心，控制中心将分配车辆间距。

（11）加速系统设计和改造：加速系统主要指车辆的电动油门控制系统，通过查阅试验车辆的电路图得知该车辆的电动油门踏板连接一个精密滑动电阻传感器。随着加速踏板行程的变化，电阻传感器的输出电压会按照一定的规律变化，于是车辆的油门控制单元会采集该电阻传感器的输出电压，进而通过车辆的加速踏板专家数据库调节功率输出，达到控制车辆加速的目的。

（12）电磁制动系统的设计和改造：传统汽车在重载下坡时，产生的巨大势能无法被利用，只能通过刹车片的摩擦生热将其强制消耗掉。结合露天矿山的运输路况，特别设计出一套能量回收系统，将势能转化成电能，在下坡过程中对电池进行充电。利用运输车辆空车上山，满载下山的运行规律，结合纯电动矿用自卸车在制动工况下自发电的特性，再通过调整矿山的道路坡度和矿车空、满载的装载吨位及矿车上山、下山的车速等运行参数，实现整车（空车）上山耗电量被整车满载下山时回收的电量所补偿，基本实现整车运行零电耗。通过车辆在不同工况下的电池运行参数和能量回馈数据的实时监控，集成回馈系统与电池管理系统数据平台，实现可根据工况模型进行发电的能量回收系统，使能量回收最大化，同时还兼顾电池安全和司机的驾驶感受，保证车辆制动过程的安全性和舒适性。

通过检测车辆姿态可以获取坡度的大小，结合北斗和 GPS 定位获取海拔高度及车速，提前预判回馈电流的大小。当预判回馈电流较大且电池 SOC 较高时，管理系统控制盒自动切换，将超级电容并入电池系统，利用超级电容存储回馈的电流，以缓和大电流直接对电池的冲击。当预判回馈电流较小时，管理系统直接让回馈电流给电池充电，提高回收效率。

电制动力分配方法，步骤如下：采集司机的驾驶信息和车辆信息；通过车辆信息化平台分析采集到驾驶信息和车辆信息；将分析驾驶行为特性发送给控制器；控制器计算出能量回收效率分布规律；根据驾驶行为特性识别当前制动状态下的电制动力矩；根据驾驶行为特性计算补偿制动力矩；最终确定实际制动力矩。

（13）转向系统的设计和改造：转向系统的设计和改造是希望可以对转向盘转动角度进行自动控制，包括转向盘的转动角度和转动角速度。

5.2.7.4　底层控制电路板设计

无人驾驶卡车身底层改造中，硬件控制电路板起着一个承上启下的作用，一方面需要从无人驾驶系统的上层（包括感知系统、决策系统和路径规划系统）接收控制信息；另一方面需要将上层指令发送给车身底层控制系统。通过选择CAN通信实现车身、硬件控制板以及车载计算机之间相互的通信。所有的车身信息，包括转向盘转动角度、车速、纵向加速度、横摆角速度、四轮里程、挡位信号、制动踏板行程和车灯状态等信息通过CAN总线发送给底层控制电路板。底层控制电路板将接收到的车身信息进行滤波和解析，然后将对应的信息发送给车载计算机进行处理。当上层算法完成处理之后，计算机继续通过CAN通信的方式将车辆纵横向的控制指令发送给底层控制电路板，控制板再对指令进行解析得到车身的控制信号指令。接下来，控制板通过数模转换芯片将控制指令转换为控制转向盘和油门的电压量，然后发送给车身，进而对车身纵向和横向控制。

底层控制电路板的PCB图如图5.19所示，其中主要的模块有CAN通信模块、油门控制模块、制动控制模块、转向盘控制模块等。

硬件控制电路板总体结构设计图如图5.20所示。其中包含车载计算机和控制板通信、控制板和车身相互通信、电动油门控制系统的模式切换和控制信号传输模块、转向控制系统的模式切换和控制信号传输模块以及制动模块。以此完成了一个整体的车身底层控制系统，为后面车身定位算法和上层的车身纵横向控制算法以及路径跟踪算法提供了试验平台。

5.2.7.5　车身控制算法设计

车身控制具体涉及车身定位、车身纵向控制和横向控制3个部分。其中车身定位采用引入转向盘转角和转弯半径标定的定位算法，通过基本的车身信息得到一个原始的定位结果，不仅可以为上层视觉或者激光雷达定位算法提供依据，也可以在短距离路径中为车身提供一个准确的定位信息。纵向控制算法设计是基于PID和前馈控制相结合的理论，可以实现误差较小的速度控制。车身横向控制重

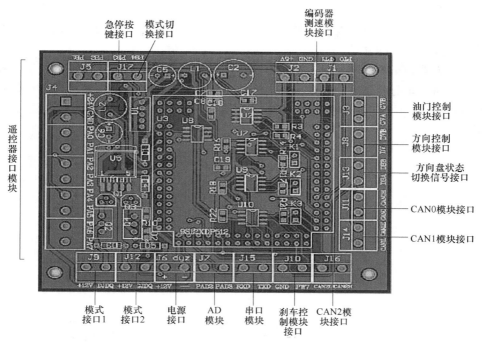

图 5.19 底层控制电路板 PCB

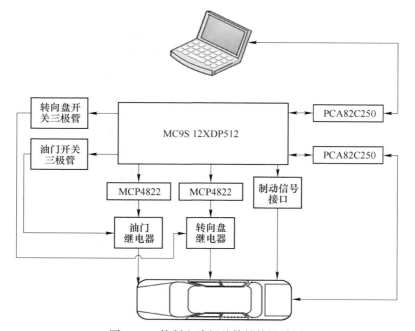

图 5.20 控制电路板总体结构设计图

点在于车身航行角指令计算，通过目标角和车身航向角的偏差计算得到转向盘转角指令。这一部分主要解决车身定位和纵横向控制相结合的问题，完成了自动驾驶平台控制算法的基础。

　　无人驾驶车辆的定位对于车辆控制至关重要，定位算法的精确性、快速性和稳定性对于车身控制性能起着关键的作用。通过引入转向盘转角和转弯半径标定的定位算法，为车身控制提供更精确、稳定的定位信息。其算法流程如图 5.21 所示。

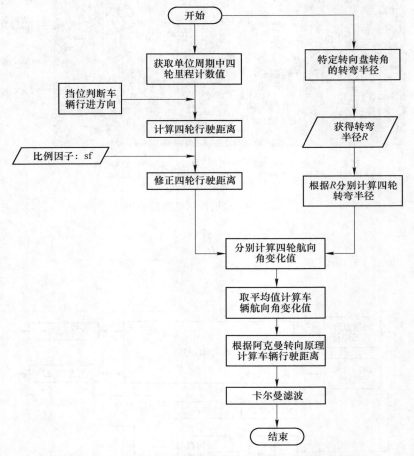

图 5.21　引入转向盘转角和转弯半径标定的定位算法流程图

5.2.8　滑坡灾害多场监测系统

5.2.8.1　基于三维激光扫描的滑坡位移监测系统

滑坡位移监测以减少人民生命财产损失为出发点，降低大型工程建设和运行的风险。三维激光扫描技术作为一种新的位移监测方法，利用其实时提供的滑坡表面大量的点云数据构建滑坡表面的仿真三维模型，可以有效地模拟出真实场景三维图像。该技术能够准确地确定滑坡的坐标、变化范围和变形特征，并且能够还原滑坡的变形过程。与传统监测方法相比，具有以下优点：

（1）应用激光扫描技术，可以在测量具体标定的目标和特征线的同时，获取到滑坡的整体变形信息。有助于全面分析滑坡的稳定性，及时获取准确的滑坡预警测绘资料。

（2）高空间分辨率。三维激光扫描技术单点测量精度不如传统的检测技术，但是利用误差传播理论对所测量的点云的三维坐标进行纠正，这样获取的监测结果更高。

（3）对人力难以到达的危险区域进行监测，对于地质环境复杂且测量人员难以到达的危险滑坡，使用三维激光扫描技术更为有利。

（4）扫描速度快，工作效率高。利用三维激光扫描仪检查可减少监测任务的工作时间，在很大程度上提升了监测工作的效率，因此，研究基于三维激光扫描技术的滑坡形变监测理论与方法具有重要的意义。

三维扫描仪测量系统主要由激光扫描仪、供电系统、计算机以及 CCD 相机组成。激光扫描仪中包含激光测距系统和激光扫描系统两部分，主要负责距离和激光水平角和垂直角的测量，图像纹理由 CCD 相机负责获取。光学原理是三维激光扫描仪内置的激光发射器核心科技的主要依据，其工作原理是：由三维激光扫描仪发射出激光脉冲，通过扫描棱镜后发射方向发生改变，再经过目标反射到激光发射器，最后通过角度和距离计算出目标点的三维坐标，其中发射器与目标之间的距离根据时差计算得出，激光脉冲水平角、垂直角以及激光反射强度由精密时钟编码器同步地记录接收得到。扫描系统可自动记录目标点到扫描仪之间的距离，同时计算出每束激光脉冲横向扫描角度观测值 ξ 和纵向扫描角度观测值 θ，如图 5.22 所示。

本书所用到的远程监测激光雷达（Polaris LR），是一款加拿大 Teledyne Optech 公司的超长距离激光 3D 扫描系统，具有快速、精确、不受干扰、白天/黑夜均可作业、低成本高效益、全数字化、布设简单无需反射器等特点，是一款多用途仪器，可以应用在矿山地形测量、矿山工程测量、矿堆测量、爆堆测量、沉降监测、排土场和高边坡监测等日常采矿活动中。具体外形和参数如图 5.23 所示。

在进行边坡监测工作时，目标物容易受到周边复杂环境的影响，导致所监测区域的三维空间数据不完整。为获取目标物完整的三维空间数据，需要对其进行多方位多角度的扫描。为得到完整的地形数据信息，需要利用空间坐标变换对获取到的数据进行拼接。常用的点云拼接方法有三种：基于控制点架站拼接、基于

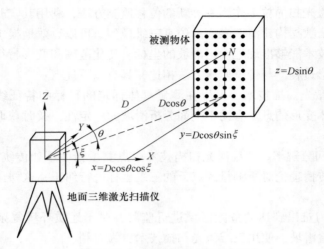

图 5.22   三维激光扫描工作原理

- 测距方式:脉冲
- 波长:1550nm
- 安全等级:1级
- 距离分辨率:2mm
- 最小范围:1.5m
- 最远测距能力:≥2000m
- 单点精度:4mm@100m
- 垂直/水平视场角度:120°/360°
- 内置相机
- 防护等级:IP64
- 尺寸:高度323mm×宽度217mm
- 质量:11.2kg

图 5.23   三维激光扫描外形和参数

特征拼接和基于无特征拼接。坡面监测的数据处理流程如图 5.24 所示。

主要包括以下步骤:

(1) 数据采集:坡体表面的数字化模型用高精度三维激光扫描设备快速获取,在试验开始前获取坡体表面的基准点云,试验过程中按照统一的时间点获取坡体表面的采样点,扫描过程中的重叠区域使用不变形区域,以此来完成点云的对齐和拼接。

(2) 数据处理:主要是对点云数据进行降噪、着色、合并、封装处理。

(3) 比较分析:利用"3D 比较"的方式对参考对象与测试对象之间的差异

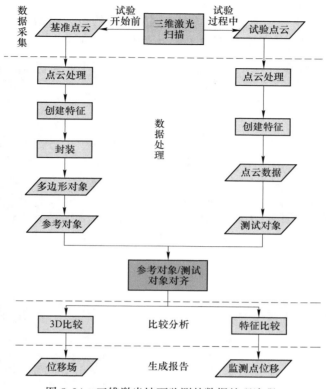

图 5.24 三维激光坡面监测的数据处理流程

进行分析，两个对象之间的 3D 偏差主要是计算测量与实际之间的"最短距离"或"指定误差向量"之间的误差。

（4）生成报告：坡体的变形趋势和变形量级由通过"3D 比较"和"特征比较"方式而得到的位移场结果来表示，位移场主要包括整体位移场的位移和变形监测块的位移。

被测对象的空间几何信息需要用连续的曲面来表达，因此，需要将三维激光扫描系统获得的离散的、不连续的坐标点连接起来。数字曲面模型由三维点云坐标生成的规则或不规则网格构成。滑坡的复杂地形由不规则三角网格组成的数字地表模型表示，该模型在地形起伏的表达方面优于其他模型，而且易于理解。规则网格法和不规则三角网法常被用来生成滑坡 DEM。由于 TiN 模型具有高分辨率这一优点，常用于精细大尺度地形的表达。根据地形的复杂程度，变化采样点的密度和位置可以自动调整，对于特征量较少的地形区，可以避免数据的冗余，也可以把地形区的所有特征点和特征线信息都清晰地表示出来。但是由于数据和算法的复杂程度较高，不适用于处理大范围的数据。TIN 文件格式适用范围较小，对于矢量数据之间的分析效果较差。对于获取后的点云数据进行点云数据抽稀，如图 5.25 所示，由规则格网和不规则格网处理后的点云数据生成滑坡的表面模型和模型化的滑坡表面效果分别如图 5.26 和图 5.27 所示。

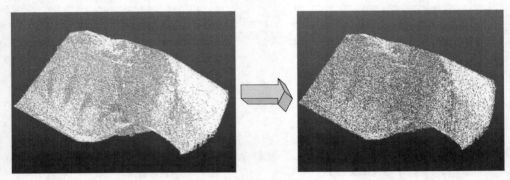

图 5.25   滑坡点云数据及抽稀

图 5.26   规则网格生成的滑坡模型

图 5.27   不规则网格生成的滑坡模型

5.2.8.2   基于 ESG 的滑坡微震监测系统

与岩石发生类似，微震是指岩石受到外力后，岩石内部储存的弹性应变以瞬态弹性波的形式迅速释放的过程。基于岩体受力破坏过程中破裂的声能原理同样适用于微震监测技术。声发射所监测的弹性波的特点是易受机电噪声干扰，而且衰减速度快，而地震所监测的弹性波的特点是频率低产生的能量高，衰减速度快。微震监测的弹性波介于二者之间，主要监测小尺度的岩层、断层或节理裂隙的突然错动或开裂所产生的弹性波。随着科技的进步，将较大一部分声发射监测的频率范围加入微震监测所用的传感器频率监测范围。图 5.28 从监测对象的频率范围显示了地震、微震与声发射之间的关系。

微震监测是一种被动检测：在外力作用下，岩体结构破裂过程中所释放的弹性波直接由微震传感器接收，传感器无需人为干预。它监测的是地下岩体的破裂过程，根据所获取的破裂释放的微地震波信号，来了解地下结构的稳定性和安全

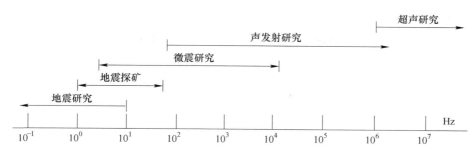

图 5.28 地震、微震与声发射技术研究的频率关系

状况。传感器、数据采集仪、露天太阳能供电系统和数据无线发射系统共同构成了边坡地表监测系统。输入传感器性能参数和建立三维可视化模型是系统调试的重要内容。

传感器记录了信号的波形形态之间的特征差异，其差异是由岩体微震和噪声源之间不同的产生机理、振动源和传播路径所引起的。通过传感器采集到的波形数据信号，采用机器学习的方法，最终训练出基于波形特征的信号人工识别方法。图 5.29 描述了一个完整信号波形的几个特征值，包括幅值、信号持续时间、上升时间与信号间隔时间等肉眼可观察的特征量。

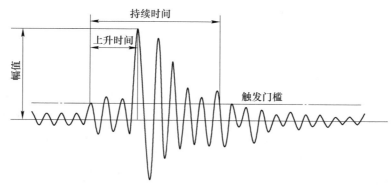

图 5.29 信号人工识别中几个常用的特征量

在微震监测中，若要将离散的三维点数据转换成场数据，就要把三维点数据进行处理，处理结果包含三维坐标和能量占比值，通过空间变异函数可以合理地对数据集特征权值进行属性分配，在保证精度的情况下降低计算成本（见图 5.30）。对于空间点 $Z_0(x_0, y_0, z_0, m_0)$，x_0、y_0、z_0 为坐标数据，m_0 代表能量占比值。根据控制点 $Z_i(x_i, y_i, z_i, m_i)$ 求出到估计点的距离：

$$d_i = \sqrt{(x_0 - x_i)^2 + (y_0 - y_i)^2 + (z_0 - z_i)^2} \tag{5.1}$$

$Z_0(x_0, y_0, z_0, m_0)$ 的空间差值为：

$$Z_0 = \frac{\sum\limits_{i=1}^{n} Z_i p_i}{\sum\limits_{i=1}^{n} p_i} \qquad (5.2)$$

式中，n 为空间中的数目；p_i 为权值，表达式为：

$$p_i = \frac{1}{d_i^r} \qquad (5.3)$$

式中，r 为幂值。

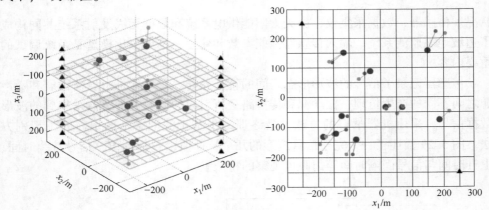

图 5.30　空间控制点的能量场差分

5.2.8.3　基于红外热像的坡面温度监测系统

除了露天矿山常用的微震监测、位移监测外，针对露天煤矿，在监测系统中引入坡体表面的温度特征以综合反映滑坡的演化过程。红外热像仪的基本原理如图 5.31 所示，被测物体的红外辐射光经过光学成像，被机械扫描器从左到右和从上到下进行平面分布扫描采集到红外探测器上，红外探测器将被测物体各方位点上辐射出的红外信号转化为电子信号，通过进一步放大处理可得到被测物体的红外热图并输出至显示器。红外成像的原理可以概括为一个两次映射的过程：将被测物体各时空点上的温度值映射到温窗上，再通过调色板将其映射到 RGB 值，通过两次映射完成被测物体的红外成像。

一般来说，红外热像仪是将由监测物发射的红外辐射能量转换成可视化的热图像，被测物的不同温度与热图像上的不同颜色一一对应。而且红外热像技术具有测量时间短、准确度高、可不停歇等候工作等特点。作为一种非接触式监测方法，在岩土温度变化测量领域中被广泛应用。黄建伟等人系统地研究了岩石损伤的红外特征，并对其进行了归纳总结。由于土体的强度以及破坏前红外辐射变化较小，使其特征信息难以捕捉，导致相关研究较少。针对土体变化幅度小这一问

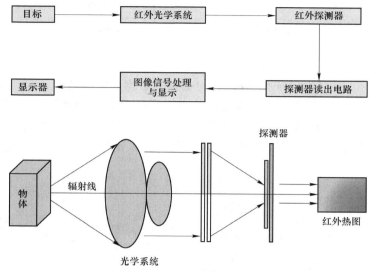

图 5.31 红外热像仪监测滑坡的原理

题，现有的测量仪器检测精度在不断提高，土体的红外辐射研究也取得了一定的成果。Pappalardo 等人对加载过程中模型桩与冻土界面红外辐射的研究成果表明：土体在较低的温度下，破坏时所产生的红外辐射也可以通过红外热像技术捕捉到。Sun 等人通过红外热像技术成功获取到了野外滑坡温度监测数据。由此看来，红外技术对于温度监测的精度不断提升，岩土体的预测指标也可以用温度来反映。因此，在滑坡监测中引入先进的红外热像技术，对滑坡发生变形前后的各类影响因素进行分析研究有重大的意义。

滑坡监测中，对模型表面温度监测精度产生影响的主要因素有：（1）坡体材料性质以及仪器自身具有的精度。（2）试验环境的影响，滑坡监测过程会受到复杂的内因和外因的影响，环境因素即外因，会对红外图像的精度造成一定的干扰，环境因素主要包含温度、气压、湿度等。滑坡监测中，温度演化特征数据处理流程如下：首先利用 FLIR R&D 软件将原始红外热图像转化为温度数据，然后以坡体表面的监测点为基础，整理变形前后的温度图像，作对齐处理；最后，通过计算变形前后的温度图像像素点的温度差值，获取变形前后的温度变化值。

5.3 系统主要功能

5.3.1 三维地质建模及仿真

从露天矿山钻探数据或矿山开采分层平面图等基础数据开始，按我国露天矿山生产的工艺流程顺序，对矿山生产的地质、测量、开采计划、采区爆破、采掘带铲装生产、采场（台阶）生产验收等工作进行可视化建模管理；并将矿山生产的地质、测量（槽探验收）、开采计划、采区爆破设计、生产执行、采场生产验收等多个专业工作统一到同一个可视化平台。

根据矿山不同阶段的勘探数据（包括钻孔数据、探槽数据、潜孔数据），进行矿体模型、岩体模型、断层模型的建立，最后建立矿山资源品位模型，如图5.32所示。矿山三维地质模型可随着后期生产勘探数据进行增加、更新。三维地质模型可用于储量的保有量统计计算，品位分级计算，矿山生产计划编制等。

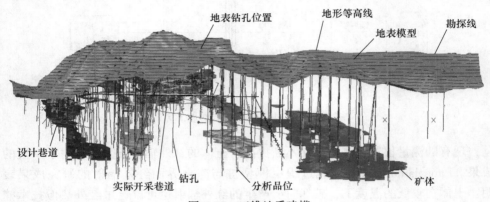

图 5.32   三维地质建模

（1）实现矿界、勘探线、矿体、地层、断层、矿石品级等元素的三维建模，支持矿体外推建模、分叉、夹石的处理。

（2）设计方案三维建模，通过开采计划与实际开采进度对比分析各台阶保有矿岩量、矿石质量等信息，指导中长期开采规划编制。

（3）根据生产勘探、炮孔取样数据输入，实现品位模型的更新。

（4）系统能够产生并打印炮孔二维码，并具备通过扫描二维码将炮孔数据实时输入，并更新三维模型。

（5）建立地质钻孔、生产勘探、炮孔取样数据库。

（6）实现炮孔岩粉化验数据的导入，并更新品位模型。

（7）根据矿体及夹层界线、品位、地质编录等信息，向下推断若干个台阶的地质情况。

5.3.2   高精度路网生成与定期更新

该功能依托最新研发技术高精度路网相关技术专利，可在短时间内生成精度为 0.2m 的路网模型，提前布局未来智慧矿山无人驾驶行业。对于行业而言，露天矿厂路网每日更新，可以有效减少安全事故的发生，提高卡车运输成本和效率，为矿山企业提供不菲的效益，如图 5.33 所示。

图 5.33　露天矿实景三维模型

（1）路网提取流程。为满足每个露天采矿场高精度路网导航的需求，针对不同矿山需进行独立建模，采收集该矿山的图像后预处理，训练 P-LinkNet 网络生成露天矿路网的方法，本方法流程图如图 5.34 所示。

（2）高精度实时路网更新。近年来，倾斜摄影技术、人工智能的智慧神经网络迅速发展，每天使用无人机进行数据采集，运用一天的时间生成路网模型，第二天进行更新，相较于传统的几个月更新一次，现在基本可以实现实时更新。

（3）路网提取系统开发环境。本书使用的计算机有 4 张 RTX2080 显卡。试验程序语言为 Python 和 Matlab，基于 Pytorch 构建神经网络。

（4）高精度路网特点。普通地图的精度在 5m 左右，只描绘了道路位置和形态，没有反映道路的细节信息，无法准确估计车辆所在位置。为了更好规避潜在风险，帮助车辆预知路面复杂信息，如坡度和曲率等，无人驾驶往往需要结合实时高精度地图。

高精度地图的绝对精度要求优于 1m，相对精度达到 10~20cm，这样才能更加真实地反映道路实际样式，包含更多的图层数量和道路数据，图层描绘也更加细致。高精度道路导航地图不仅具有更高精度的坐标，还拥有更加准确的道路形状；同时，每个车道的坡度、曲率、航向、高程等数据也被添加进来。

（5）功能特色优势。高精度路网优势如图 5.35 所示，提取的露天矿路网模型如图 5.36 所示。

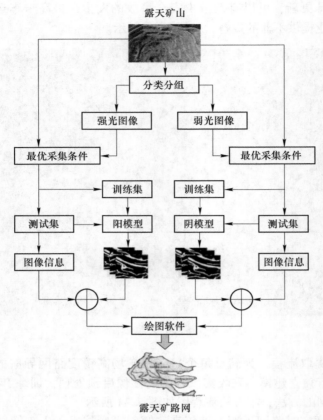

图 5.34　露天矿路网生成流程

5.3.3　露天矿生产监控系统

露天矿生产监控信息系统针对矿山企业无法实时掌控关键场所的人员、设备和场所的安全状态，不能对车辆和采掘设备进行全程监控等问题，将视频监控技术应用到露天矿生产中，主要体现在以下几个方面：

（1）对主要生产作业场所实现实时监控和安全报警。利用视频技术对关键作业场所，如炸药库、破碎站、采场边帮以及爆堆等进行实时监控，实时掌握采场人员、设备和场所的安全状态。

（2）实现主要设备过程监控。通过对电铲和汽车等设备实现过程监控，保证设备安全运行，严格控制超速行驶，杜绝安全事故的发生，稳定生产，提高生产效率，降低生产成本。

（3）实现无人岗位。利用计算机技术、无线通信技术实现车铲的自动计量，减少人为因素的干扰，减员增效；改善劳动环境，保护职工身心健康。

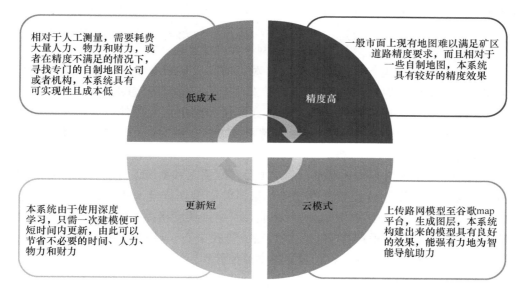

图 5.35 高精度路网优势

图 5.36 提取的露天矿路网模型

（4）为管理层提供客观数据。通过计算机对生产设备和工艺过程对象的自动控制，可以为管理层提供客观数据，满足管理层对生产管理、调度、控制和指挥的需要。

（5）提升矿山企业社会形象。顺应露天矿现代化生产管理方法和手段，全方位地实现生产管理的自动化、智能化，全面提升矿山企业的社会形象。

露天矿生产监控系统旨在改善矿山公司监控调度的管理模式，解决现存问题，更新监控设备，最终建设成科学高效的生产监控信息系统，本系统主要内容如下：

（1）数字视频监控系统。对主要生产作业场所安装工业电视，建立规模合适的指挥中心、作业区、生产岗位三级网络式电视监控系统。

（2）生产车辆运行状态监控系统。对目前露天矿所有生产车辆，运用 GPS 和 RFID 技术进行监控，实现生产运行状态监视系统的网络化共享。

（3）监控中心硬件建设。选择具有标准化和模块化的部件，遵守各种标准规定、规范，构建开放的硬件平台，为系统实施及扩展提供一个良好的环境。

5.3.3.1 系统设计路线

首先对露天矿进行实地考察，确定项目实际需求和系统设计的原则。然后根据行业标准确定视频监控系统的建设标准，并根据调查情况确定系统功能，包括：数字视频监控、生产车辆运行状态监控、生产调度指挥控制。同时，对系统进行硬件建设，包括前端摄像、线路传输、监控中心、显示机柜四部分。最后，结合露天矿监控需求与系统设计建立科学监控管理模式。

技术路线如图 5.37 所示。

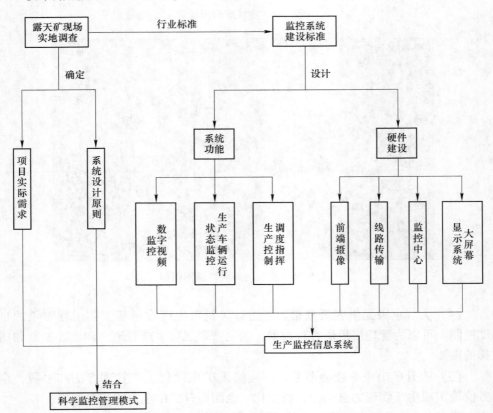

图 5.37 露天矿生产监控信息系统技术路线图

5.3.3.2 各模块的实现

（1）数字视频监控系统模块。露天矿数字视频监控系统由监控前端、监控数据传输和监控中心 3 部分组成，如图 5.38 所示。

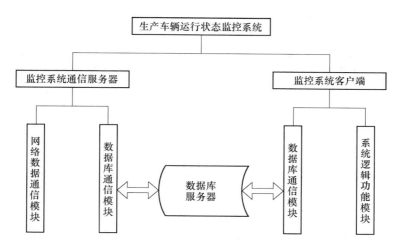

图 5.38 生产车辆运行状态监控系统软件结构图

监控前端由固定式智能半球型摄像机组成。通过硬盘录像机键盘对云台、镜头随意控制，控制卸矿点等重要场所的监视画面，可在监视屏幕墙上进行循环显示，每一路的驻留时间可调。

监控数据主要依靠光纤进行传输，前端摄像机获取到的光信号和后台监控中心获取到的电信号之间的转换工作则由分布于各个地点的光端机负责。

监控中心的硬盘录像机可根据系统的设定，按程序顺序或定时地切换图像，录像机按设定进行录像，以循环监视各重要场所并保存图像资料，同时，能在视频图像上叠加摄像机号、地址、时间等汉字字符。视频控制矩阵则负责大屏幕拼接墙的画面切换与分割等运算处理，用户可以通过附带的控制键盘，按照实际需要对大屏幕的画面进行设置。

（2）生产车辆运行状态监控系统模块。针对当前矿山所面临的问题，本模块结合露天矿生产中的实际问题，利用 GPS、GIS 等现代化信息技术，以及 GPRS 无线通信技术，对露天矿车铲进行可视化实时监控。

1）软件结构。采用客户端/服务器（Client/Server），即 C/S 结构。生产车辆运行状态监控系统主要由监控系统客户端、监控系统数据通信服务器和数据库服务器 3 大部分组成。这种结构的核心是客户端应用程序只发送服务请求，服务器接受请求后执行相应的操作，并将操作结果返回给客户机应用程序，如图 5.38 所示。

　　中心监控系统通过公司内部网络和数据通信服务器系统连接,并通过网络程序提取服务器数据库中经纬度等信息,在客户端软件电子地图上实时显示所有车辆的位置状态信息,实现对车载终端的实时定位。系统还可以根据需要显示出车辆轨迹,从而达到对移动目标的监控。

　　后台数据库采用 Microsoft SQL Sever 2015 企业版,该数据库系统是一种典型的基于客户端/服务器体系架构的关系数据库管理系统 (DBMS)。它在电子商务、数据仓库和数据库解决方案中起着重要作用,为企业的数据库管理提供强大的支持,对数据库中的数据提供有效的管理,并采用有效的措施实现数据的完整性及数据的安全性。SQL Server 2015 客户端负责商业逻辑和向用户提供数据,服务器负责对数据库的数据进行操作和管理以及指令的收发,通过 Transact-SQL 语句在服务器和客户机之间传送请求和回应。

　　数据通信服务器是整个系统的核心,它负责终端指令数据的接收和提取、模块的控制、短信的编码及译码、指令的编译和解析等,它是连接车载终端和监控中心的纽带,它通过固定的 IP 地址连接到网络。

　　生产车辆运行状态监控系统是以电子地图为基础的操作控制平台,具有很强的信息数据库和电子地图操作功能。其工作原理是:数据通信服务器实时地接收来自运载卡车终端的卡车定位信息和通信信息,经过预处理后存入数据库。GIS 客户端实时地查询该表信息,过滤新上传数据并匹配到地图上,显示车辆当前位置。这样监控中心就可以直接实时地掌握运载卡车的动态信息,如位置、速度、状态等。

　　根据系统的总体要求,生产车辆运行状态监控系统由以下几个子模块组成:

　　① 系统权限管理。主要操作查询浏览、信息录入、信息修改、信息删除等功能的权限控制功能。

　　② 地图文件管理。用于管理本系统打开的地图文件,可打开地图,保存地图,选择最近打开地图,地图缩放、漫游、测距、测量面积,漫游地图,打开和关闭鹰眼。

　　③ 信息配置管理。用于本系统的所有基本信息管理,包括车辆终端注册、人员管理等,为整个系统的运行提供基础数据。

　　④ 车辆监控功能。用于设置 GIS 监控界面显示的功能,以及历史轨迹管理等,满足用户监控终端车辆时的多样性要求。

　　⑤ 系统数据查询。查询车铲信息、管理员的历史操作记录,以及车辆的行为查询。

　　⑥ GPS 终端管理。GPS 终端管理是本系统的核心之一。用于控制远程各个终端,对其进行指令设置,调度等操作,实现对各个远程终端的管理。

　　生产车辆监控调度客户端的总体功能结构如图 5.39 所示。

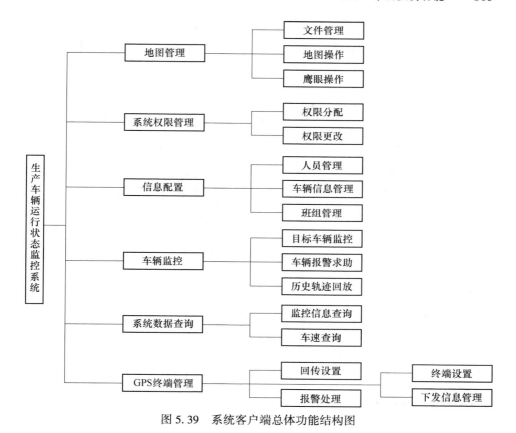

图 5.39 系统客户端总体功能结构图

2）系统部署。在露天矿监控中心一般设置两台监控计算机、一台调度计算机、一台考勤统计计算机、一台日常办公计算机和一个大屏幕显示系统。若矿山公司露天矿供电系统不稳定，为了保障系统的正常运行，还可放置一台UPS，可以持续供两台计算机工作 2h 以上。系统的整体部署结构如图 5.40所示。

整个系统由 3 个软件部分组成，其部署结构示意图如图 5.41 所示：监控系统通信服务器安装在所属地区信息中心的 Web 服务器上；DBMS 数据管理服务器安装在所属地区信息中心的数据库服务器上；生产车辆运行状态监控系统客户端安装在矿区的监控中心。其中监控系统通信服务器必须部署在具有一个外网可以直接访问的固定的 IP 地址的计算机上，并且对外开放2332 端口。

露天矿生产监控系统目前已经能够通过调节前端摄像机、云台、镜头等辅助设备，直接观看被监控场所的情况，做到全区域、无死角、实时准确的监控。此外，视频监控系统还可以与生产过程管理系统以及防盗、报警等系统联动运行，

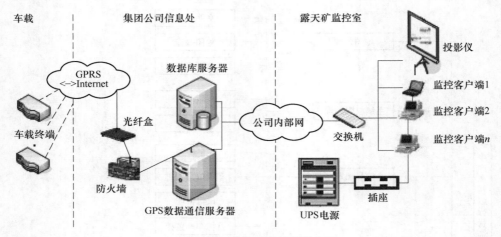

图 5.40　系统整体部署结构图

使监控中心管理人员能够实时掌握监控
点的实际情况，在有特殊情况或异常情
况发生时，第一时间做出反应，保障企
业正常的生产活动，提升管理能力及监
管效果，车辆定位监控如图 5.42 所示。

5.3.4　可视化生产计划编制系统

　　露天矿生产计划的编制工作是一项
系统的、工作量大、繁琐、重复性很强
的工作。露天矿可视化生产计划编制系
统以生产进度计划编制软件系统开发为
目标，利用图数-综合法，集图形处理
与数值计算于一体，充分发挥 CAD 技
术的特点，实现矿区地质数据库、地质

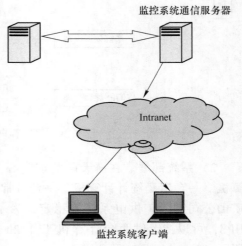

图 5.41　软件部署结构示意图

工作管理和生产计划编排的系统化，实现露天矿采矿 CAD 技术的可视化、集成
化、智能化。

　　本系统实现主要基于以下五个关键要素：

　　（1）矿床模型：为全面了解矿床的地质特征，以便后续生产计划有准确的
基础数据支撑，矿床模型建立是本系统的基石。

　　（2）空区管理。为有效处理矿产区域内的空隙，确保计划的可行性和准确
性，需对生产区域空区进行研究处理，进而最大程度地优化矿产资源的利用。

　　（3）模型更新与图形实时计算。在实际生成过程中，矿区数据将出现变化，

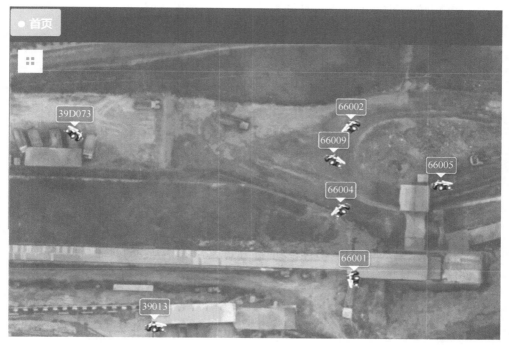

图 5.42　车辆定位监控

为此需对地质数据进行实时更新计算，确保生产计划和决策均基于最准确的信息。

（4）数据融合。根据模型更新和图形计算结果，对不同数据源进行融合，以综合分析各种信息，为决策者提供更全面的视角，优化生产流程。

（5）界面可视化。为使管理者方便直观地与系统互动，搭载露天矿生产计划编制系统，进而设计开发人机交互界面，帮助管理者更好地理解和操作系统。

具体实现时首先从矿床模型的建立入手，根据露天矿床开采的特点，建立符合矿山生产实际的矿量线框模型、质量描述块状模型、空区模型。其次，研究计划区域内空区的处理方法。再次，研究并实现各模型的实时更新、图形计算等功能。最后，在以上工作基础上，开发系统的人机交互界面，搭建实时的露天矿生产计划编制系统平台。

（1）系统技术路线。可视化生产计划编制系统以生产进度计划编制软件系统开发为目标，将利用图数-综合法，集图形处理与数值计算于一体，充分发挥 CAD技术的特点，实现矿区地质数据库、地质工作管理和生产计划编排的系统化，实现露天矿采矿 CAD 技术的可视化、集成化、智能化。本系统的主要研究内容有：

1）矿床模型建立，包括矿量线框模型、质量描述块状模型、空区模型。

2）空区处理，计算计划区域内空区算法研究。

3）模型的实时更新、图形计算等功能的实现技术研究。

4）图数融合，包括图数的实时计算与显示等技术研究。

5）开发系统的人机交互界面，搭建实时的露天矿生产计划编制系统平台。

（2）编制计划所需材料。编制露天矿采剥进度计划所需的资料包括：

1）比例尺为 1:1000 或 1:2000 的分层平面图。图上绘有矿床地质线、露天采矿场的开采境界、出入沟和开段沟的位置等。

2）分层矿岩量表。在表中按质量和体积分别列出各水平分层在开采境界内的矿岩量，以及体积和质量分层剥采比。

3）露天矿最终的开拓运输系统图和线路的最小曲线的曲率半径。对于扩建和改建的矿山，不要有开采现状图。

4）露天矿开采要素。包括台阶高度、采掘带宽度、采区长度和最小工作盘宽度等。

5）露天矿的延深方式、工作线推进方式和方向、沟道的几何要素、新水平准备时间。

6）规定的贮备矿量指标。

7）矿石开采的损失率和贫化率。

8）露天矿开始基建的时间和要求的投产日期，规定的投产标准。

9）挖掘机的数目和生产能力。

10）对分期开采的矿山，应有分期开采过渡的有关资料以及国家对矿山建设的其他要求。

（3）采剥计划编制方法。可视化生产计划编制系统采用模拟优化法编制采剥进度计划。它的出发点是根据矿山在整个生产时期的人员、设备数量基本稳定的特征，通过调整剥采比，在保证完成矿石生产量的前提下，尽可能地使矿山的基建工程量和废石量最小。它的目标函数是：

$$\left\{ \left| \frac{yR_t + BR_i}{yQ_t + BQ_i} - f(T) \right| \right\} \Rightarrow \min \tag{5.4}$$

式中　yR_t——从开始至 t 时期内的废石量；

　　　BR_i——i 阶段上块段中的废石量；

　　　yQ_t——从开始至 t 时期内的矿石量；

　　　BQ_i——i 阶段上块段中的矿石量；

　　　$f(T)$——随时间 T 变化的生产剥采比。

本方法由三部分组成，首先是寻求可开采块，即满足开采技术要求可以开采的模块，凡满足以下四个条件皆视作开采模块：

（1）模块位于露天境界内；

（2）模块上部台阶推出的距离满足最小平台宽度要求；

（3）模块所在工作面长度满足最小工作线长度要求；

（4）模块所在位置满足最小工作线推进方向的要求。

其次确定开采块，满足以下三个原则可视为开采块：

（1）满足生产剥采比的要求；

（2）满足选矿品位要求；

（3）满足矿石产量要求。

最后，根据确定的开采块使用 CAD 技术进行交互式修改。

本露天采矿进度计划编制系统采用计算机辅助设计技术，使露天采矿进度计划的编制工作得以高效、准确，直观地完成，如图 5.43 所示。

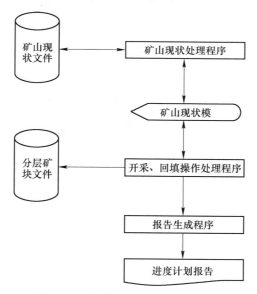

图 5.43　采剥进度计划系统流程图

露天矿生产计划编制系统基于 AutoCAD 软件平台，应用 ObjectARX + VisualLSP 针对露天矿实际开发了露天矿生产采剥计划编制软件系统，其采剥计划编制系统功能结构如图 5.44 所示。

可视化生产计划编制系统的应用提高了采剥计划的编制质量、快速应变能力，减轻了技术人员的工作强度，也提高了矿山的管理、技术工作的现代化、科学化水平。系统主要功能有：

（1）矿岩量计算与矿石品位动态计算。根据地质钻孔资料，利用图数融合技术，在布置计划线的同时实时计算可采矿岩量以及矿石质量，品位实时监控如图 5.45 所示。

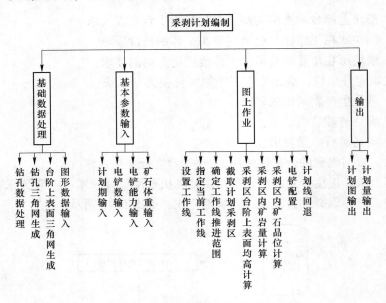

图 5.44　采剥计划编制系统功能结构

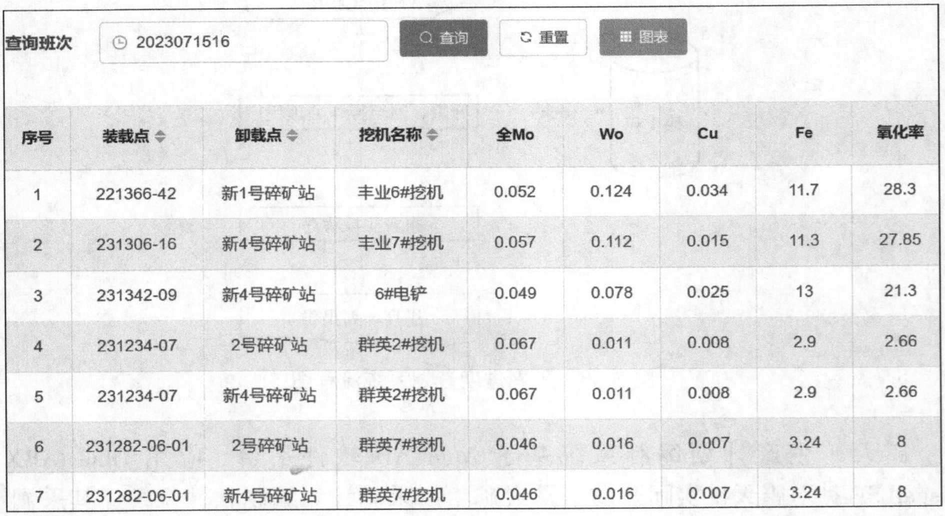

序号	装载点 ⇕	卸载点 ⇕	挖机名称 ⇕	全Mo	Wo	Cu	Fe	氧化率
1	221366-42	新1号碎矿站	丰业6#挖机	0.052	0.124	0.034	11.7	28.3
2	231306-16	新4号碎矿站	丰业7#挖机	0.057	0.112	0.015	11.3	27.85
3	231342-09	新4号碎矿站	6#电铲	0.049	0.078	0.025	13	21.3
4	231234-07	2号碎矿站	群英2#挖机	0.067	0.011	0.008	2.9	2.66
5	231234-07	新4号碎矿站	群英2#挖机	0.067	0.011	0.008	2.9	2.66
6	231282-06-01	2号碎矿站	群英7#挖机	0.046	0.016	0.007	3.24	8
7	231282-06-01	新4号碎矿站	群英7#挖机	0.046	0.016	0.007	3.24	8

查询班次　🕐 2023071516　🔍 查询　⟳ 重置　▦ 图表

图 5.45　品位实时监控

（2）可视化生产计划编制。在基础数据和计划期、电铲数及生产能力等参数输入后，利用模拟优化法人机交互编制采剥进度计划，并将计划图和计划量输出，可以按比例，按区域在绘图仪或打印机上输出。另外，整个露天矿生产现状和计划表现在一张图纸上，可实时显示采场当前现状，便于动态管理，如图 5.46 所示。

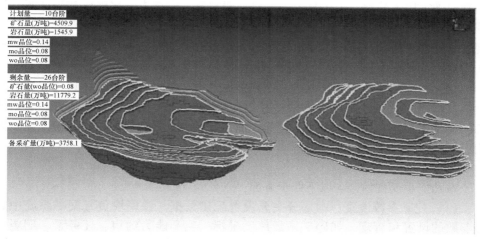

图 5.46 可视化生产计划编制

（3）模拟开采。根据生产情况，实时回填已计划区域，可实现模拟开采，如图 5.47 所示。

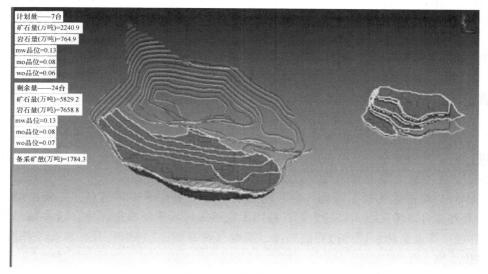

图 5.47 计划模拟开采

系统的应用提高了采剥计划的编制质量、快速应变能力，减轻了技术人员的工作强度，也提高了矿山的管理、技术工作的现代化、科学化水平。

5.3.5 露天矿智能配煤动态管理系统

现行人工配矿工艺存在一些缺陷：结果不精确，很大程度上依靠经验，不能准确地确定出矿品位；工艺复杂，需要耗费大量人力物力，化验成本高；实行过程中起作用的人为因素过多，甚至有时要依赖于检验工的素质和责任心，不易实现科学管理等问题。而采用计算机技术，动态地智能解决生产配矿问题，既节省人力物力，又减少计算误差，无疑将为矿山公司带来巨大效益。

露天矿配矿管理系统旨在结合计算机技术与卫星定位技术，规划与管理矿石质量，实现矿山配矿调度工作的信息化。系统集信息管理、实时监控、动态计算、科学规划等多功能为一体，充分挖掘企业潜力，合理利用矿物资源，提高矿山经济效益。

5.3.5.1　配矿管理

本功能主要技术包含以下四个方面：

（1）配矿参数设置：本部分主要设置配矿数据。该模块负责配矿系统中重要参数的设置和管理，如碎矿站经纬度坐标、生产能力约束、任务量、期望品位，矿石岩性，台阶高度、松散系数和矿石比重等参数，其中主要分为3部分：破碎站设置、岩性等级设置和矿量参数设置。

（2）破碎站设置：对参与配矿的破碎站信息进行维护。可以浏览、添加、修改、删除参与配矿的破碎站信息，同时可设置每个破碎站的名称、期望品位、产量下限和产量上限等。

（3）岩性等级设置：对矿岩的质地和坚硬程度进行维护。可以浏览、添加、修改、删除岩性等级信息，同时可设置每个岩性等级的名称、产量下限和产量上限。

（4）矿量参数设置：设置计算指定区域面积所含有矿量的所需参数，包含台阶系数（米）、松散系数、矿石比重。

5.3.5.2　爆堆信息管理

在配矿工作中，要根据从每个炮孔中采集的矿岩样本分析出来的矿石品位来进行配矿计划安排，必须先对爆堆炮孔信息进行采集、录入与管理，因此，本部分工作主要针对爆堆和炮孔的相关信息进行管理。

（1）爆堆炮孔数据管理。为了动态展示爆堆炮孔的实时信息，需要由地质勘测人员将现场采集回来的数据，按照固定格式导入系统数据库中。这些信息包括：1）爆堆名称、爆堆边界经纬度、爆堆台阶高度；2）炮孔号、炮孔经纬度、炮孔品位、孔深。

（2）爆堆边界与矿量。通过导入爆堆边界上采集回来的各点坐标，系统可以在地图上产生该爆堆的边界区域。根据每个爆堆边界所封闭的区域面积，以及之前设置的矿量参数，系统可以自动计算爆堆矿量。

（3）爆堆品位。系统能够显示爆堆内部所有炮孔的品位，并且以不同颜色、图示和等品位线进行标识。

5.3.5.3　铲装运输信息管理

除具有电铲与卡车的基本信息管理功能外，还能根据生产计划，将当前卡车与电铲绑定到指定作业位置，通过配矿计划对运输路线和车数进行约束与管理。

（1）基本信息。分别将电铲与卡车的车辆编号、车辆名称、GPS信息等基本信息按照固定格式导入数据库。实际生产中，将由卫星对铲装设备进行GPS定位，并采集相关信息发送到系统服务器。

（2）生产管理。根据本系统制定的生产计划，按当前班次情况将电铲绑定到指定作业位置，同时，将卡车运输队分别绑定到相应电铲。通过配矿计划对运输路线和车数进行约束与管理。

5.3.5.4 配矿计划与管理

该环节是整个配矿系统的核心。该部分包含2个模块：配矿参数设置和线性规划配矿。其中，配矿参数设置又包括3个子模块：供矿对象设置、受矿对象设置、供受绑定设置。

配矿之前需要对供矿、受矿及相关绑定等参数进行设置。

（1）供矿参数设置：从当前电铲列表中选择出将要参与配矿的电铲，并设置以下参数：产量下限、产量上限、工作半径、品位上下限和出矿品位。

（2）受矿参数设置：从当前破碎站列表中选择出将要参与配矿的破碎站，并对它们设置以下参数：容量下限、容量上限、期望品位。

（3）供矿点、受矿点关联设置：在实际配矿过程中，存在人为的设置某个电铲向某破碎站供矿，或不供矿、供矿比例等诸多情况，这部分功能向管理人员提供了一种更加便捷的操作。管理人员可以提前规定这个电铲向全部破碎站或特定破碎站供矿，即所说的将电铲绑定到破碎站上。然后根据需要，对绑定后的一组情况设置其供矿的上限和下限，确保配矿结果满足生产实际需要。

（4）建立符合矿山生产实际情况的配矿问题数学模型，采用两阶段线性规划算法，根据电铲、卡车、碎矿站、期望品位、任务量要求等多种约束条件，由计算机生成当前班次配矿计划。

（5）计划制定之后，本系统将按照品位最优控制模型，对矿山铲装运输设备进行分配与调度，实时监控计划完成情况。

此外，为了方便用户对所用地图的操作和控制，需要提供放大、缩小、漫游、测距、测量面积等功能。

5.3.5.5 系统业务流程

根据矿山现场调研得知配矿的工作流程是：地质测量人员定期在采场采集当前最新地理数据并绘制采场现状图；调度人员和地测人员根据生产计划和当前采场情况，制定炮孔钻孔方案；炮孔钻孔后，化验科人员将钻孔中的矿石采样进行分析得到每个炮孔的金属品位；调度人员根据这些炮孔的品位制定周、日和班配矿计划；每逢爆破日，矿山公司根据计划，在指定台阶进行爆破；按配矿调度指令调度电铲和卡车，将矿岩装运到指定破碎站。矿山配矿的业务流程如图5.48所示。

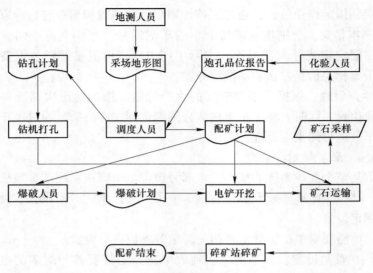

图 5.48　矿山生产配矿的业务流程图

5.3.5.6　系统运行业务流程

露天矿智能配矿动态管理系统运行的业务流程分析图如图 5.49 所示。

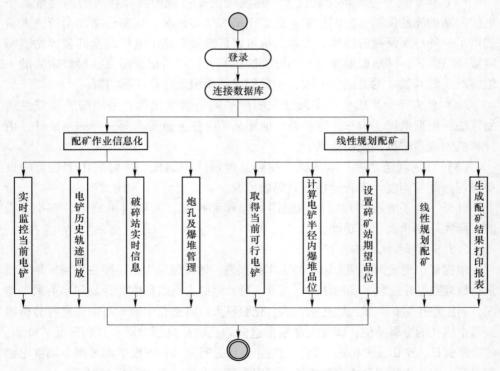

图 5.49　系统运行业务流程分析图

在满足以上要求，同时保证系统良好的运行效果及可扩展性的情况下，系统的体系结构按照图 5.50 所示的模型原理设计。

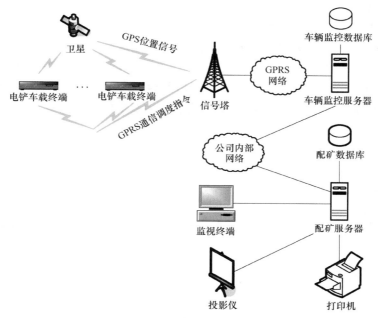

图 5.50 系统物理体系结构

露天矿智能配矿动态管理系统的网络结构如图 5.51 所示。

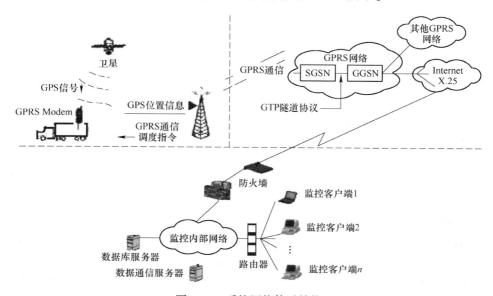

图 5.51 系统网络体系结构

露天矿配矿管理信息系统采用客户端/服务器（C/S）设计模式，系统的逻辑结构主要部分由以下 3 个子系统组成：MapX 地图操作系统、历史轨迹回放系统和线性规划配矿系统。

（1）MapX 地图操作系统：涉及地图的放大、缩小、平移、中心显示、全图显示，显示炮孔、显示爆堆、显示当前电铲、显示破碎站等功能。

（2）历史轨迹回放系统：可以回放卡车、挖机等设备的行驶作业轨迹。

（3）线性规划配矿系统：采用两阶段线性规划对之前录入的电铲、炮孔、破碎站参数方程进行求解，得到最优的符合矿山要求的配矿计划。

系统逻辑结构如图 5.52 所示。

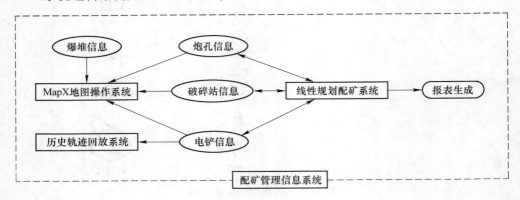

图 5.52　系统逻辑结构图

5.3.5.7　系统平台设备要求

（1）硬件平台。

小型机或高性能数据库服务器建议配置：CPU>2.66G；RAM>1G；硬盘>80G；1000m 以太网卡。

（2）软件平台。

1）操作系统：Windows 2010 系列+MapX 5.0。

2）数据库：MS SQL Server7.0/MS SQL Server2000 企业版。

5.3.5.8　系统主要功能

露天矿智能配矿动态管理系统，针对矿区的实际情况，为保证入选矿石品位的均衡，利用 3D 可视化技术构建爆堆品位数据库，实现爆堆数据的可视化管理，通过爆堆数据与地质数据的数据融合，便于生产配矿人员掌握钼钨矿石分布；利用高精度定位技术实时动态获取电铲或挖掘机出矿品位，实现电铲出矿品位的动态跟踪，便于调度人员实时掌握出矿品位的变化；综合考虑破碎站需要的煤炭灰分、硫分、挥发分、煤矸石含量等参数，根据独有的多金属多目标智能配矿模型自动生成最优配矿计划，最大限度利用了低灰分及伴生矿石资源，确保了钼钨的入选灰分稳定均衡。系统主要功能有：

（1）爆堆矿石量及品位分析。将炮孔坐标及炮孔品位等数据导入爆堆数据库后，在电子地图上可以获取任意爆堆的矿量和灰分信息，并可在图中计算任意区域矿块的矿量和平均钼、钨、铜、铁含量等参数，如图5.53所示。

	序号	爆堆名称 ⇅	炮孔个数 ⇅	全Mo(%) ⇅	Wo(%) ⇅	Cu(%) ⇅	Fe(%) ⇅	氧化率(%) ⇅	导入时间 ⇅
☐	1	231306-24	1	0.062	0.047	0.005	4.8	13.4	2023-07-15 04:04:11
☐	2	231306-29	49	0.0686	0.1068	0.0131	10.5511	28.8294	2023-07-14 12:12:59
☐	3	231294-21	59	0.2097	0.0854	0.0041	6.2514	5.1761	2023-07-12 04:09:25
☐	4	231306-28	79	0.0625	0.0524	0.0054	5.7568	23.6078	2023-07-13 08:34:27
☐	5	231234-07	87	0.0672	0.0112	0.0082	2.8982	2.6549	2023-07-12 03:15:13
☐	6	231306-27	1	0.042	0.049	0.018	4.8	5.5	2023-07-10 02:35:55
☐	7	231306-14	82	0.0422	0.0492	0.0132	4.7994	5.5022	2023-07-09 03:42:24
☐	8	231354-11	1	0.05	0.095	0.031	12.7	21	2023-07-09 03:41:36

图5.53　爆堆品位管理

（2）挖机出矿成分自动获取。在电子地图上根据挖机的作业位置，可实时动态获取铲装位置处的矿石品位和爆堆剩余矿量。同时，挖机处的矿石品位信息和当前班挖机的装载矿石量也实时显示在挖机的终端显示屏上，便于作业人员实时掌握当前铲装的矿石品位和实际工作量，如图5.54所示。

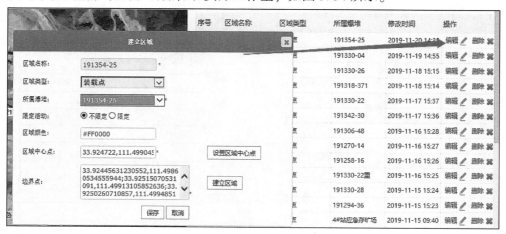

图5.54　电铲出矿品位自动获取

（3）配矿作业计划自动生成。系统根据可工作挖机的当前作业区矿石成分、松散系数、矿石比重、生产能力，破碎站的入矿量和灰分要求等，利用多目标配矿模型来自动生成班配矿生产计划；如遇特殊情况，生产调度人员可以进行调整，尽最大可能保证配矿计划的可行和合理，如图 5.55 所示。

计划号	A		

《查询　《重置　《卸载点变更　《计算优化　《复制到下个班次

序号	记录号	装载点	挖机	全Mo	Wo	Cu	氧化率	主要岩性	卸载点	任务	车数
1	20230...	23123...	群英2#...	0.067	0.011	0.008	2.66	长英角岩	2号碎...	500	10
2	20230...	23123...	群英2#...	0.067	0.011	0.008	2.66	长英角岩	新4号...	1250	25
3	20230...	23128...	群英7#...	0.046	0.016	0.007	8	长英角岩	2号碎...	500	10
4	20230...	23128...	群英7#...	0.046	0.016	0.007	8	长英角岩	新4号...	900	18
5	20230...	23130...	群英3#...	0.042	0.049	0.018	5.5	硅灰石...	2号碎...	500	10
6	20230...	23130...	群英3#...	0.042	0.049	0.018	5.5	硅灰石...	新4号...	500	10

图 5.55　配矿计划智能生成

（4）生产实时品位控制。系统根据挖机铲装位置处的灰分及运输量可以实时计算破碎站内矿石的灰分和矿量，当矿石品位不符合出矿要求时，系统会进行智能预警提示，调度人员可以利用品位优化控制模型，对配矿计划进行实时的调整并加以控制，如图 5.56 所示。

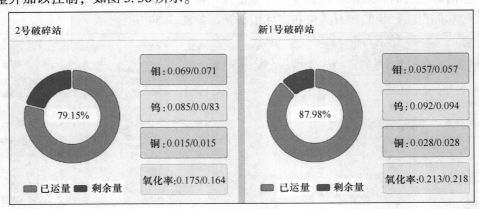

图 5.56　实时品位控制

5.3.6　露天矿卡车生产智能调度系统

　　国内的露天矿企业一般采用人工方式进行车铲调度，由于人工调度不易可视化掌握采、装、运设备的实时位置、状态，以及工程发展和排卸点的实时情况，在生产指挥调度中盲目性较大，往往造成爆落矿石存量不合理、开采工艺不协调，严重影响配矿效果；同时，由于运载卡车的赶堆，增加了电铲、卡车的非工作时间和卡车的空车行程，这极不利于设备效率发挥，制约着露天矿山经济效益的提高。

针对当前许多露天矿山所面临的问题现状，结合矿山实际问题，对调度优化理论进行了深入研究，建立了车铲生产调度模型。然后利用 GPS、GIS 等现代化信息技术，以及 GPRS 无线通信技术，开发出基于 GPRS 公网的露天矿车铲全方位集成化生产监控调度系统平台，其关键技术主要包含以下几个方面。

5.3.6.1 系统设计路线

首先，对露天矿生产车辆调度问题进行研究，提出系统的露天矿生产车辆调度理论；其次，对露天矿生产车辆调度情况进行实地考察，建立生产车辆调度模型，分析了模型的有效性和合理性，并将该模型应用于露天矿；最后，利用计算机信息技术设计出基于 GPS、GIS、GPRS 的露天矿生产车铲监控调度系统平台，实现对露天矿车铲的可视化实时监控调度，使生产车铲的利用率达到最大。

本系统采用的技术路线如图 5.57 所示。

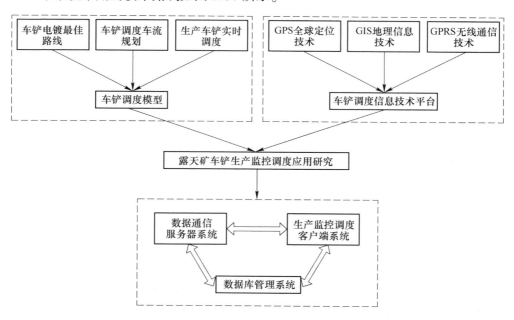

图 5.57 基于 GPS 露天矿生产监控调度系统技术路线

5.3.6.2 露天矿车辆路径优化

（1）线路区段划分。运输道路网络系统模型的建立把露天矿运输线路系统按其路段的属性划分成区段，简化后恰好抽象成一个网络系统，各区段构成网络的边，区段之间的衔接点即为网络的节点，网络中边的权可为运行时间或运输距离。

运输道路网络由节点和路段组成，对露天矿运输系统而言，其中节点包括采掘点、排卸点、道路交叉点、加油站、停车场、调车点、中间节点，而路段应根据线路的性质类型，即线路的坡度、线路的用途进行划分，具有相同属性的部分划分为同一路段，路段之间以节点分隔，线路交叉点、变坡点等作为自然节点将线路分隔为路段，每条路段用其中心线来代替，表示网络的边或弧。图 5.58 表示了线路简化过程与方法。

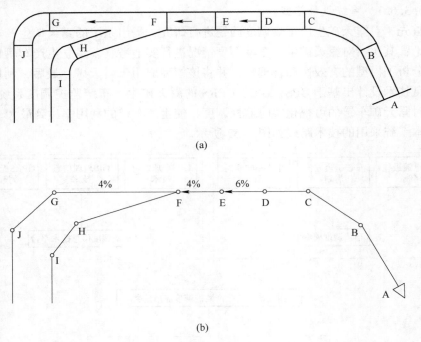

图 5.58 线路区段划分示意图
(a) 路线图；(b) 简化路线图

将划分成区段并简化后的线路系统的各个节点及线路段分别编号，并赋予属性进行描述，线路的节点为网络图的节点，每个线路段为网络图的弧，线路段的长度或卡车在其上的运行时间为弧的权值。因此道路网由以下数据文件描述：

1）节点文件：记录节点的位置 (x, y)、节点号、节点的类型等；

2）路段文件：记录路段号、两个端点的节点号、路段类型、坡度转弯半径、路段长度及空重车运行时间等。

（2）最优路径的计算。通过研究矿山道路网络图，可以发现，这种图形具有如下特点：图中无自环、并行边少、悬挂边多。所以矿山运输网络图实际上是一种"树"形简图，符合网络图的一般概念。按照 Dijkstra 算法，反复使用迭代公式求出任何两点间的最短路，再用"反向追踪"法找出其最短路径。

（3）露天矿车流规划。露天矿的生产调度，可以划分成许多种类型，但不论怎样最后都要牵涉到卡车的调度安排这样一个组合问题，因此都是难以求解的 NP 完全（NPC）问题。目前，各国根据一些露天矿的实际情况开发出许多实用软件，但都没有公开它们的算法。我国仅有几个露天矿用上了智能化软件管理，水平还需要提高，应用面也需要扩大，矿业生产迫切需要这方面的成果。

露天矿生产主要是运石料。它与典型的运输问题明显有以下不同，区别有：

1）露天矿运输问题是运输矿石与岩石两种物资的问题。

2）为了完成品位约束，矿石与岩石的运输次数需要合理分配。

3）铲位与卸矿点均有单位时间流量的限制。

4）运输车辆只有一种或少数几种，每次都是满载运输。

5）铲位数多于电铲数。

6）不仅要求最佳物流，最后还要求出各条路线上的派出车辆数及安排。

因存在较多随机因素，并且露天矿运输是一个多目标规划问题。针对问题的这些特点，本书本着将多目标规划问题转化为单目标的原则求解。求解本问题可分为两个阶段：

第一个阶段是确定各条路线上运输石料的数量（车次），可以用整数规划建模；

第二阶段是规划各条线路上的派车方案。

露天矿是露天开采的，它的生产主要是由电动铲车（以下简称电铲）装车、自卸卡车（以下简称卡车）运输来完成。在保证生产要求的基础上，提高这些大型设备的利用率是增加露天矿经济效益的首要任务。

露天矿里有若干个爆破生成的石料堆，每堆称为一个铲位，每个铲位已预先根据金属元素含量将石料分成矿石和岩石。每个铲位的矿石、岩石数量，以及矿石的平均金属元素含量（称为品位）都是已知的。每个卸货地点（以下简称卸点，主要是破碎站）都有各自的产量要求。从保护国家资源的角度及矿山的经济效益考虑，应该尽量把矿石按矿石卸点需要的金属元素含量（以为基准，称为品位限制）搭配起来送到卸点，搭配的量在一个班次内满足品位限制即可。

卡车的耗油量很大，每个班次每台车消耗近 1t 柴油。发动机点火时需要消耗相当多的电瓶能量，故一个班次中只在开始工作时点火一次。卡车在等待时所耗费的能量也是相当可观的，原则上在安排时不应发生卡车等待的情况。电铲和卸点都不能同时为 2 辆及 2 辆以上卡车服务。卡车每次都是满载运输。

每个铲位到每个卸点的道路都是专用的双向车道，不会出现堵车现象，每段道路的里程都是已知的。一个班次的生产计划应该包含以下内容：出动几台电铲，分别在哪些铲位上；出动几辆卡车，分别在哪些路线上各运输多少次。由于随机因素的影响，装卸时间与运输时间都不精确，所以排时计划无效，只求出各条路线上的卡车数及安排即可。一个合格的计划要在卡车不等待条件下满足产量和质量（品位）要求，而根据三道庄对品位控制的需求，一个好的计划还应该考虑下面三条原则：

原则一：各破碎站品位均衡，在调度的过程中，优先考虑配矿需求。

原则二：总运量（吨公里）最小，同时出动最少的卡车，从而运输成本最小（求运输成本最小的生产计划）。

原则三：利用现有车辆运输，获得最大的产量（岩石产量优先；在产量相同的情况下，取总运量最小的解）。

一般认为应尽量多运输矿石，但是由于矿山中生产是连续的，所以在完成矿石任务的同时要及时运出一定量的岩石，如果在这个时候还有卡车可以进行运输，就要优先考虑运岩石。这样做可以保证在下一个班次中能运出更多的矿石。同时如果岩石超产可以处理掉，但如果矿石超产则不一定能处理。比如：矿石漏的接口为传送带，直接将矿石运到选矿厂的球磨机粉碎。如果产量超过矿石漏吞吐量则整个环节无法处理。所以运输时要以岩石产量—矿石产量—总运量为序或以总产量—岩石产量—总运量为序。

5.3.6.3 露天矿车铲生产实时调度

采矿生产过程的各种参数，如设备的工况、状态、采场的道路情况、天气情况、矿石废石的性质等因素，都对生产效率的发挥及生产目标的实现起着制约作用，如何在众多的约束下，取得最高的设备作业效率，就需要实时地对整个参加生产的设备的搭配进行调整，使之最大限度地发挥作用，提高整个采矿作业的效率，这就是一个动态控制过程。而在生产计划的系统中，根据矿山工程发展程序、矿石质量控制、剥采比以及采剥工程量要求，确定了当班采掘设备及排卸点的计划产量，并通过路径优化、货流规划优化计算，进一步明确了电铲数量、矿车经由那些路径、卸到那些卸载点去，这是对一个班次生产计划的具体细化，实现了矿坑生产系统的优化配置，是对一个班次生产的一个静态规划，其结果是实时优化调度的依据。在实际生产过程中，由于设备的运行状况、工况、位置等因素是随机变化的，所以如何实现规划目标又是一个实时动态优化调车问题。因此，实时调度是卡车调度的重要问题，它是在车流规划的基础上，针对露天矿当前作业状态变化，对收到的卡车分派请求，进行实时优化调度决策，将最佳卡车分配到最需车的电铲线路上去。从而以最高的设备作业效率，实现计划生产目标。

项目组依据露天矿车辆调度的理论和露天矿的实际情况建立了露天矿车辆调度车流规划的模型。根据露天矿调度模型，在相关理论研究的基础上，开发并构建了露天矿生产监控调度系统平台，其系统拓扑结构见图5.59。

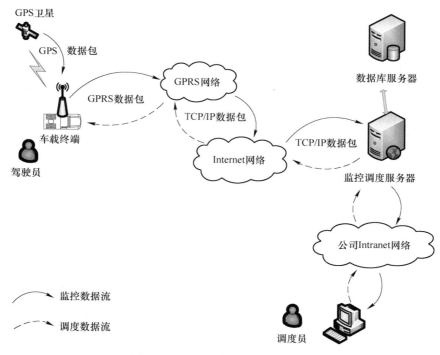

图 5.59 GPS 调度系统拓扑结构图

移动端 GPS 接收机接收 GPS 卫星信号，经过解算后得到移动端的经纬度、速度及时间信息，这些数据连同移动端采集到的状态信息，利用 GPRS 短消息或 GPRS 的数据业务，按规定的协议打包后发回监控端。监控端对收到的数据包进行分解，将跟踪点的经纬度坐标进行坐标转换和投影变换，将其转换为电子地图所采用的平面坐标系统中的坐标，然后在电子地图上实时、动态、直观地显示出来；对移动端发回的其他数据进行格式化，按统一的数据格式进行存储。监控端发给移动端的监控命令或其他数据，也是按规定的协议打包，然后通过 GPRS 的数据业务发给移动端执行，其数据流程图如图 5.60 所示。

露天矿车铲监控调度系统就是要对露天矿生产设备进行跟踪、监控和管理，对地理空间具有较大的依赖性，所以，GIS 技术对车辆监控系统的可视化、实时动态管理和辅助决策分析等都会发挥巨大的作用。在设计开发工作中，露天矿车路径优化与车流规划，车铲位置的模拟仿真与轨迹回放，调度信息的上传、下发等功能全部集中体现到该平台上，该平台面向调度人员，由调度人员辅助调度。项目组利用 C#. net 技术和 MapX 组件技术开发了 GIS 调度平台，该平台运行稳定，性能可靠。系统可以实时跟踪当前卡车，电铲的铲、装、运作业位置和作业状态；系统根据作业计划要求，利用群智能优化算法构建实时调度优化模型，进

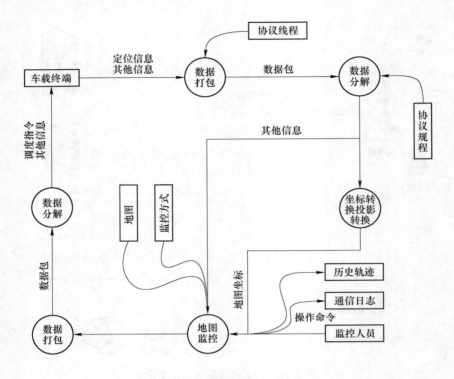

图 5.60　运载卡车监控系统数据流程图

行最优路径选择、全局及局部车流规划后，发出调度指令，作业人员或无人设备利用移动终端实时接收调度指令；系统动态跟踪当前作业设备的实时运行情况，对生产过程的突发情况进行动态预警及调整。该系统应用后，能够优化卡车运输，有效提高采装与运输效率，提高大型设备的利用率，有效降低总运输功和油耗，优化采矿生产并进行实时调度监控。系统主要功能有：

（1）车铲智能调度。系统根据配矿计划的要求以及当前生产中作业挖机、卡车、卸矿点的生产能力等约束条件，通过卡车生产调度优化模型，自动进行最优路径选择、全局及局部车流规划和实时调度，如图 5.61 所示。

（2）实时指令及语音调度。调度中心可以对卡车及挖机进行分组管理，并可在任意时刻发送调度指令；班次中间如遇特殊情况，可及时进行调度计划修改，并发送调度指令，车载智能终端能够给出语音提示并在显示屏上显示调度指令，如图 5.62 所示；调度中心还可呼叫任意一辆安装智能终端的卡车和挖机进行应急语音调度。

（3）卡铲实时监控与历史轨迹回放。根据调度监控人员指令以不同方式、不同颜色、不同标识等跟踪显示采场内任意卡车或挖机当前位置、车速、状态及

	序号	卡车名称	挖机名称	装载点	卸载点	货物名称	挖机终端号	生效时间
	1	39125	鹰豪2#...	1258...	大东坡...	外销岩石	yh2WJ	2023-02-04 19:02:05
	2	39123	鹰豪2#...	1258...	大东坡...	外销岩石	yh2WJ	2023-02-04 19:02:05
	3	39121	鹰豪2#...	1258...	大东坡...	外销岩石	yh2WJ	2023-02-04 19:02:05
	4	39120	鹰豪2#...	1258...	大东坡...	外销岩石	yh2WJ	2023-02-04 19:02:05
	5	39119	鹰豪2#...	1258...	大东坡...	外销岩石	yh2WJ	2023-02-04 19:02:05
	6	39125	鹰豪2#...	1258...	大东坡...	外销岩石	yh2WJ	2023-02-01 20:31:36

图 5.61　车铲智能调度

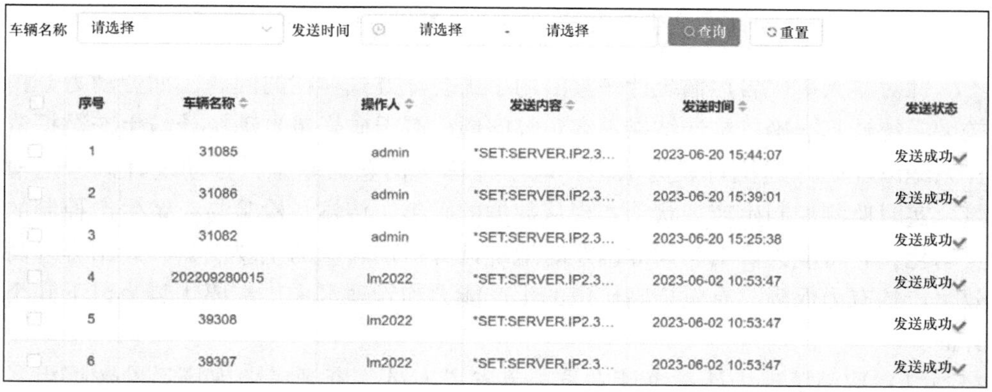

	序号	车辆名称	操作人	发送内容	发送时间	发送状态
	1	31085	admin	*SET:SERVER.IP2.3...	2023-06-20 15:44:07	发送成功
	2	31086	admin	*SET:SERVER.IP2.3...	2023-06-20 15:39:01	发送成功
	3	31082	admin	*SET:SERVER.IP2.3...	2023-06-20 15:25:38	发送成功
	4	202209280015	lm2022	*SET:SERVER.IP2.3...	2023-06-02 10:53:47	发送成功
	5	39308	lm2022	*SET:SERVER.IP2.3...	2023-06-02 10:53:47	发送成功
	6	39307	lm2022	*SET:SERVER.IP2.3...	2023-06-02 10:53:47	发送成功

图 5.62　实时指令及语音调度

行驶轨迹，还可以根据需要关闭某一卡车和挖机的跟踪显示；系统能够对超速卡车进行报警提示，并记录卡车的超速时间、地点及其他状态，并可以按班、日、月生成报表。在地图上，可以任意回放某辆卡车和挖机在某段时间内的行驶作业轨迹，如图 5.63 所示。

（4）车铲运行状态与区域报警。智能终端可以实时显示当前卡车或挖机的位置，并显示卡车当前的工作量、挖机的装载工作量等信息；调度中心可以通过智能终端对作业设备进行超速、作业区域等报警设置；作业设备如遇紧急情况可以进行紧急报警求助，并可直接通过终端呼叫生产调度中心。

（5）异常状态人工调度。如遇特殊情况不适合自动调度，可以采用定铲配车方式，由调度人员进行灵活的调度处理，保证系统运行的可靠性和灵活性。

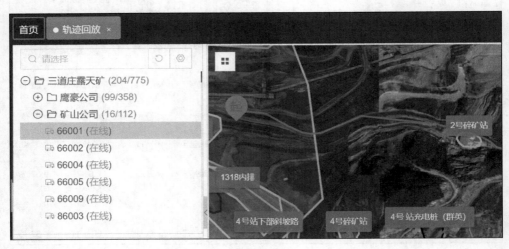

图 5.63　车铲实时监控与历史轨迹回放

5.3.7　矿岩量自动计量及生产数据动态监控系统

针对露天矿矿岩运输统计一直沿用手工统计方式存在的问题，如劳动力开销较大、统计不准确、统计结果不客观等问题。露天矿岩量自动统计与生产数据监控系统以配矿计划执行表为依据，电子秤称重信息为基础，自动统计矿岩运输量，实时监测控制生产现状。实现从数据的采集、传输、检验与车铲生产控制的自动化，它将成为矿山公司准确及时地统计分析矿岩量的主要工具，矿山合理高效生产的有力保障，有效提高矿山的生产能力和管理水平，主要优势为以下几个方面：

（1）取消了现场计量统计人员，节省了人员工资开销。现场运输数据由各计量站自动采集，同时将数据实时传输到数据中心，统计中心客户端实现自动统计，统计包括台阶、电铲、破碎站、运输单位和运输卡车等各关键字相结合的矿岩量。

（2）消除了统计工作中的人为因素，提高了统计结果的客观性。在实现自动化统计的全过程中，几乎没有人工干预，且在关键过程中限制人工操作，如修改、手工录入等，消除了人为因素，实现了统计结果的公正性。

（3）实时地检测控制短期质量车铲生产，克制了车铲装卸矿岩的盲目性，提高了车铲工作效率，降低了运输成本。矿岩运输人员在运输过程中，由于某种原因没有按照调度指令执行工作，出现多运、少运和错运现象。该系统会实时监测生产现状，一旦发现问题，立即进行报警和运输控制。

（4）根据称重数据，对车铲生产进行实时监控，使得短期生产严格按计划执行，落实计划生产最优化。本系统在生产的全过程中，自动对比分析实际生产现状与前期计划的生产调度信息，实时纠正车铲生产，保证生产计划的最优化效果。

5.3.7.1 系统设计路线

（1）露天矿矿岩量自动计量。根据露天矿对卡车运输量和电铲装矿量进行计量的需求，应用 GPS、PFID 以及磅秤技术，实现矿岩量自动计算。

（2）生产数据实时监测与控制。根据磅秤自动称重的实时数据，卡车每班的生产调度数据及露天矿班配矿生产计划，分别实时自动统计卡车的运输量、电铲装矿量、台阶出矿量、破碎站入矿量、破碎站入矿品位等，将结果以实时列表显示，并与配矿生产计划进行对比检测，对未按配矿生产计划执行的进行报警提示，以便生产调度人员实时掌握当前生产计划的实际完成情况，同时对出现问题的车铲和计量站自动发送调度指令控制信息及时控制。

系统先后分别实现了基于 GPS 的矿岩量自动统计系统、基于 FRID 与磅秤技术的矿岩量自动统计与生产数据监控系统。前者针对车铲定位监控，利用 GPS 定位、GPRS 传输、GIS 仿真分析，进而实现自动统计矿岩量。后者开发进程划分为三个步骤：第一，从自动识别及称重技术入手，开发电子秤称重系统数据的自动采集和上传服务；第二在数据中心进行原始数据处理与检测；第三在监控中心实现生产数据监控。

技术路线如图 5.64 所示。

5.3.7.2 基于 GPS 的矿岩量自动统计

系统通过 GPS 卫星定位系统和 GPRS 无线网络系统，确定卡车的实时位置，通过在铲装设备上的车载终端确定装载点的位置 A（经度、纬度），然后通过 GPS 设备确定卸料点（破碎站、存矿场等）的位置 B（经度、纬度），根据车载终端可知运载卡车的实际位置 C（经度、纬度），如图 5.65 所示，以下步骤以时间序列为基准：

设 Distance(C, X) 为卡车 C 与各个铲装设备的距离，R_1 为铲装设备 A 在装载点的设定扫描距离，R_2 为卸料点 B 的设定扫描距离，R_1 和 R_2 的值应根据露天矿的实际情况来设定，例如设 $R_1 = R_2 = 20\text{m}$。

（1）对每一辆卡车的轨迹点进行断点（上一次扫描结束的时刻点）扫描，首先过滤掉卡车静止不动的数据点，然后设置铲装设备和卸料点的有效范围，过滤掉卡车在路途中的数据点，对于符合条件：在铲装设备或卸料点的扫描范围内的数据点按以下步骤（2）~步骤（4）进行扫描过滤，初始化状态集合 F_1，F_2 为 False。

（2）找出在铲装设备大范围内的某辆卡车的时间点，搜索从该时间点到之

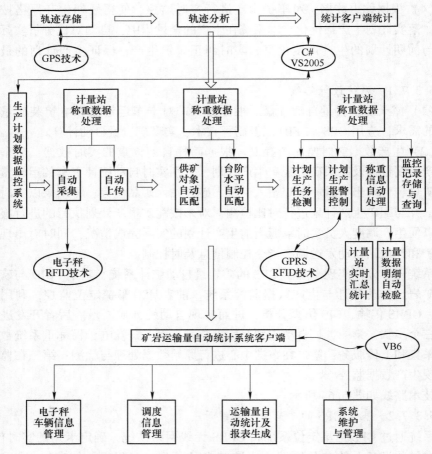

图 5.64 数据监控与动态管理系统研究技术路线图

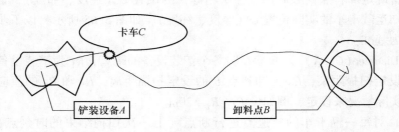

图 5.65 统计算法示意图

前 5min 内所有铲装设备的坐标平均值，求出卡车 C 与各个铲装设备之间的最小距离得到 Distance(C, A)，判断 Distance(C, A) 是否小于 R_1（实际标准应根据露天矿的实际情况来确定），若 Distance(C, A) $<R_1$，则记下此刻铲装设备以及

卡车的所有信息（经纬度、铲装设备号、卡车号、时间、方向、速度等），并设置标志位 F_1 为 True。

（3）继续对下一时刻符合在铲装设备大扫描范围内条件的卡车数据点按步骤（2）进行扫描，并找出最短距离的铲装设备，然后记下此刻铲装设备以及卡车的所有信息，更新上一时刻符合条件的记录信息。

（4）找出在卸料点大范围内的某辆卡车的时间点，搜索卡车 C 与各个卸料点之间的最小距离得到 Distance(C, B)，判断 Distance(C, B) 是否小于 R_2（实际标准应根据露天矿山的实际情况来确定），若 Distance$(C, B)<R_2$，则记下此刻卸料点以及卡车的所有信息（经纬度、矿车号、时间、方向、速度等），并设置标志位 F_2 为 True。

（5）继续对下一时刻符合在卸料点大范围内条件的卡车数据点按步骤（4）进行扫描，然后记下此刻卸料点以及卡车的所有信息，更新上一时刻符合条件的记录信息。

（6）当 Distance$(C, B)>R_2$ 时，对 F_1、F_2 进行判断，只有当 F_1 和 F_2 同时为 True 时，按以上记录的信息给卡车 C 和铲装设备 A 各统计一次，初始化 F_1、F_2 为 False。

要确定卡车和铲装设备的实时位置，通常设置定位数据的回传时间是 10s，这样在统计时就会产生海量的冗余数据，在实际开发应用中采用对数据定期自动进行过滤提取的方法进行数据筛选，这样可以大大减少冗余数据，提高统计效率。另外，铲装设备和卸料点的扫描区域可以根据现场实际需要设置为任意多边形。

5.3.7.3 基于 RFID 与称重传感器的矿岩运输量自动统计

RFID（radio frequency identification，无线射频识别）技术通过射频信号自动识别目标对象并获取相关数据；电子磅秤通过称重传感器，计量目标对象的重量信息，并自动获取相关电子称重数据。通过在关键点安置 RFID 读卡器和磅秤称重装置，在运输卡车安置射频识别卡，运输卡车经过时，由 RFID 自动识别卡车身份，称重装置自动获取该车重量信息，将含有卡车身份信息及其重量信息的记录存入数据库，即可实现运输卡车矿岩量自动统计。

另外，需要考虑卡车矿岩的来源（铲装设备，台阶水平）信息匹配问题。在矿山实际生产中，由于运输卡车到铲装设备、铲装设备到台阶水平频繁调整，导致运输卡车计量信息的铲装设备及台阶水平信息自动获取困难。针对这个问题，本书提出两种解决方案：（1）通过 GPS 位置跟踪自动识别矿岩来源，即设计专门的实时卡车、电铲及台阶自动绑定服务，自动生成绑定信息。但由于 GPS 定位误差较大，且基于 GPS 的自动生成绑定算法较复杂，导致绑定信息不准确。（2）手工绑定。当铲装设备一旦发生调整时，铲装人员立即向监控中心发送设备调整信息，监控室工作人员手动修改绑定信息。该方法的优点是：绑定准确且容许事后处理，即一旦发现绑定信息有误时，监控人员重新绑定后再进行自动数据处理即可获得准确无误的计量信息。

本系统综合应用射频识别技术、电子秤称重技术、数据库技术、计算机网络技术和信息系统设计实现方法开发一套矿岩运输量自动统计信息管理系统，主要完成对电子秤磅房数据的动态统计及相关报表自动生成功能。

矿岩量信息在各计量站自动采集到本地数据库中，通过自动上传，将其数据库中所存储的称重数据明细实时的上传到数据中心，数据中心自动接收计量信息并根据绑定信息自动匹配铲装信息和台阶水平信息，监控中心通过矿岩量统计客户端实现自动统计，其业务流程如图 5.66 所示。

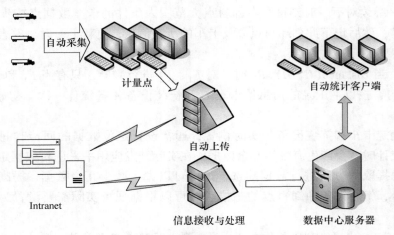

图 5.66 基于 FRID 与磅秤自动统计系统拓扑结构图

整个系统的数据流程包括 3 大环节：计量站称重数据自动采集与实时传输、数据中心信息接收与处理和监控中心统计客户端。前 2 个环节功能明确，主要是针对称重数据实现从采集、传输及处理（自动匹配铲装设备和台阶水平信息）自动化，对于监控中心的统计客户端，功能相对较多，如图 5.67 所示为系统主要功能结构图。矿岩运输量自动统计系统主要包括电子秤车辆信息管理、调度信息管理、运输量统计及报表生成与系统管理。

（1）电子秤卡车信息管理。该功能是为电子秤称重系统管理车辆信息，当卡车进入到计量点（磅房）进行称重时，该计量点（磅房）的电子秤称重系统必须拥有该卡车的全部信息，否则无法进行称重，所以就需要该功能对新增卡车信息与相对应的计量点（磅房）进行信息注册，另外同时具有对各个计量点（磅房）车辆信息的删除、修改和查询功能。

（2）调度信息管理。调度信息管理主要指电铲与卡车的绑定、电铲与台阶

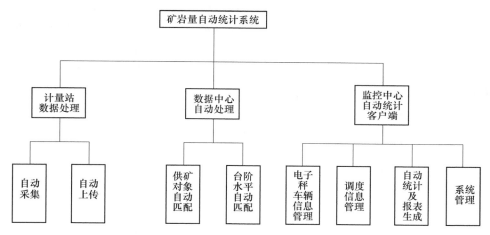

图 5.67 矿岩运输量自动统计系统主要功能

的绑定，该功能是将车辆信息与电铲信息、台阶信息联系起来，为后来的运输量统计提供依据。电铲与卡车的信息绑定，即通过时间的约束将电铲和卡车信息关联在一起；电铲与台阶绑定，即通过时间约束将电铲与台阶信息关联起来。可以将绑定的信息以报表的形式导出。

（3）运输量统计及报表生成。运输量统计指的是将计量点（磅房）数据明细按照设备、发货单位、车号、计量点、收获单位、台阶、设备与计量点、发货单位与计量点、台阶与计量点、台阶与计量点与设备这些方式进行汇总统计，同时每一种汇总统计之后都可以将其以报表的方式打印出来。

（4）系统管理。系统管理包括用户管理、数据备份与数据删除。其中用户管理包括对用户信息的增加、删除与修改。数据备份指的是一段时间后将数据库中数据导出到另一个数据库中进行保存，以防止系统突然崩溃时数据丢失。数据删除是指当数据库中存放的数据太多并且已经失去意义时，可以对数据库中的数据删除，节省存储空间。

5.3.7.4 基于称重数据的短期生产实时质量监控

在露天矿短期质量计划生产中，配矿管理系统预先计算最优化生产配比，生成配矿生产计划，生产调度系统根据该计划发送调度指令，车铲根据该指令执行生产，实现了在计划生成和计划下达过程中的先进性。但是由于各种原因，如作业设备突发故障、未按调度指令执行等，使得实际生产很难严格按计划执行，这样就达不到生产配矿最优化，因此，本节着重研究如何对露天矿实现短期计划生产的检测与控制，落实生产配矿最优化。

实时分析、统计数据中心称重信息，对台阶出矿量、铲装设备出矿量、破碎站的入矿量和入矿品位进行严格检测，将结果以实时列表显示，并与配矿生产计划进行对比检测，对未按配矿生产计划执行的进行报警提示，以便生产调度人员实时掌握当前生产计划的实际完成情况，同时对出现问题的车铲和计量站自动发送调度指令控制信息及时控制，如当 X 电铲到 Y 碎矿站运矿量达到计划时，自动通过 GPRS 网络向 X 电铲发送停止向 Y 碎矿站运载信息，同时通知 Y 计量站停止采集来自 X 的矿石信息。

生产计划实时监控功能结构图如图 5.68 所示。

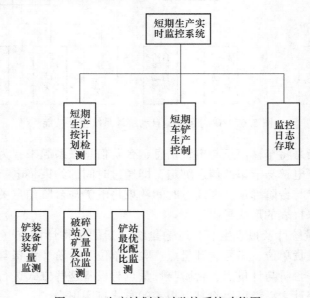

图 5.68 生产计划实时监控系统功能图

生产数据计量监控管理系统功能模块有：

（1）铲装设备出矿量监控。实时统计分析各电铲、挖掘机等铲装设备的出矿量。系统实时统计分析铲装设备的生产现状，具体表现为：实时监测并计算 X 电铲装载矿岩计划次数、计划矿量、现时次数、现时矿量和任务完成百分比等信息。要求系统直观可视地显示到用户界面。

（2）碎矿站入矿量及品位监控。实时统计分析各碎矿站入矿量，计算入矿品位。系统实时统计分析碎矿站入矿现状。具体表现为：实时监测并计算 X 碎矿站受矿计划次数、计划矿量、计划品位、现时次数、现时矿量、现时品位和任务完成百分比等信息。要求系统直观可视地显示到用户界面。

（3）铲站最优化生产配比监控。实时统计车装设备到碎矿站的运矿现状，并与配矿计划做对比分析，将对比分析信息以列表形式显示到用户界面。系统根据生产配矿计划表监控供矿对象到碎矿站生产执行情况。具体表现为：实时监测并计算 X 电铲到 Y 碎矿站计划次数、计划矿量、现时次数、现时矿量和任务完成百分比等信息。要求系统直观可视地显示到用户界面。

（4）短期生产控制。对未按配矿生产计划执行的进行报警提示，同时对出现问题的车铲和计量站自动发送调度指令控制信息及时控制。用户可以方便的设置报警参数如：运矿次数超出（提前）计划 n 车报警，运矿次数等于计划报警；运输矿量超出（提前）计划 m 吨报警，运输矿量等于计划报警等。

1）报警功能涵盖：供受矿任务报警、计量站长时间无上传数据报警等。

2）当供受矿任务达到报警触发条件时，报警系统能够根据情况的轻重缓急发出不同的报警声，显示不同的颜色，同时自动通过 GPRS 通信网络通知供矿对象。达到计划后，计量站停止服务来自该供矿对象的运输卡车。

3）用户可以解除报警，解除报警后该任务的该报警将不再出现。

4）历史报警记录需要存储，以便用户查阅。

（5）监控日志存取。自动存储监控日志记录，方便工作人员查询。该系统本身是一个实时监控系统，用户可以观测目前任务执行情况。根据矿山需求，用户需要查询历史任务执行情况。需要查询的内容包括：

1）指定时间段内的供受矿执行记录明细，即在某时刻 X 电铲到 Y 碎矿站执行情况明细。

2）指定时间段内的供矿对象任务执行明细，即在某时刻 X 电铲的任务执行情况明细信息。

3）指定时间段内的碎矿站任务执行明细，即在某时刻 X 碎矿站的任务执行情况明细信息。

4）指定时间段内的供受矿班次执行明细，即某个班次供受矿任务执行记录。

露天矿矿岩量自动计量及生产数据动态监控系统是在露天矿卡车智能调度系统的基础上利用一种实用的统计算法模型，在卸载称重时实现卡车、出矿点、出矿品位、吨位等数据智能识别，所有数据实时汇总至云平台中心数据库，系统自动将数据与配矿、调度指令进行实时比对，自动对未按要求进行装—运—卸操作的卡车进行提示，应用后大幅降低了计量劳动强度，保证了配矿及调度执行准确性。系统主要功能实现展示如下所示：

（1）矿岩运载量自动统计。能够自动统计出每一辆运矿车某一个班次在指定的挖机和破碎站之间的运载车数，也可以按照不同的时段进行车数统计，并能够根据统计结果生成班报表、月报表和季报表，如图 5.69 所示。在自动统计中自动设别车辆信息，严格按要求执行任务，不符合要求的运行将被禁止，不予以放行，实时反馈提醒。

（2）挖机装载量自动统计。能够自动统计出每一台挖机某一班次的装载车数，也可以按照不同的时段进行称重、吨公里统计，并能够根据统计结果生成班报表、月报表和季报表，如图 5.70 所示。

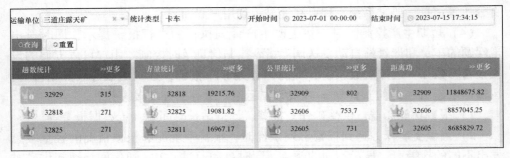

图 5.69   矿岩运载量自动统计

图 5.70   挖机装载量统计

（3）生产作业数据动态分析监控。系统能够实时统计当前卸矿站的矿石品位；统计显示当前爆堆的剩余矿量、品位；实时监控当前班内挖机的实际装车车数和装矿量；实时监控当前班内各卡车运矿的车数和估算矿量；实时监控当车辆的各种状态信息；与生产配矿计划做实时对比，及时反馈给调度人员当前任务完成情况。系统能够对数据进行分析，反馈矿区的生产状况，如图 5.71 所示。

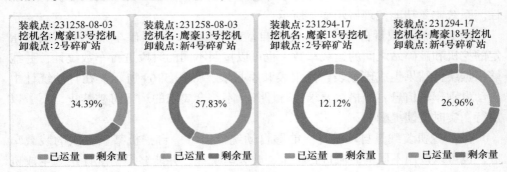

图 5.71   生产作业数据动态监控

（4）计量结果由手机 APP 自动反馈。根据需要可以自动将生产数据统计结果以手机 APP 可视化方式反馈给生产管理人员以及作业人员。

5.3.8 智能管控系统移动端

随着智能手机的发展和普及，为满足生产需要，研究团队结合 Android、Objective-C 等技术研发出与平台配套的露天矿智能生产卡车端、挖机端、收矿端和管理端 APP。

（1）露天矿智能生产卡车端 APP：使用户及时了解卡车运载状态和位置信息，实现对无人矿卡的远程监控，同时结合卸矿站、挖机等实际生产情况，修改无人矿卡状态信息，提高无人矿卡的运载效率，降低无人矿卡在装矿和卸矿时的等待时间，解决因为现场突发情况而造成的"滞产"。

（2）露天矿智能生产挖机端 APP：获取挖机待装载数量以及监控挖机待作业时长；用户通过限制挖机装载数量、改变挖机作业状态等操作，可以有效减少无人矿卡滞留时长，同时实现对无人挖机的远程遥控。

（3）露天矿智能生产卸矿端 APP：通过改变卸矿站作业状态，实现对卸矿站的远程遥控，同时，卸矿站 APP 可提供卸矿站实时作业信息，为解决卸矿站发生临时情况提供信息基础。

（4）露天矿智能生产管理端 APP：根据需要可以自动将生产数据统计结果以手机 APP 可视化方式反馈给生产管理人员以及作业人员。方便生产人员尽快决策，提高矿山生产效率。

露天矿智能一体化解决方案领航者露天矿智能一体化装备联合应用 5G 技术、物联网技术、人工智能技术，关注汽车运输业发展和绿色矿山发展趋势，推进智慧矿山领域的发展，促进无人矿山时代的到来，从根本上解决矿山安全生产难题，以智能化、信息化、自动化方式来降低矿山生产成本、提升矿山生产效益。

除了 APP 程序，团队也开发了微信小程序版的智能决策系统。它是一种存在于微信内部的轻量级应用程序。小程序可以在微信内被便捷地获取和传播，同时具有出色的使用体验。无需下载安装、随时可用。

5.3.9 露天矿无人驾驶系统

无人驾驶卡车在露天矿场中具有以下主要功能：

（1）运输矿石和岩石：无人驾驶卡车可以用于运输采矿现场开采的矿石和岩石。它们能够自动加载和卸载货物，将矿石从采矿点运输到矿石堆放区或下一步的处理设施。

（2）自动导航：无人驾驶卡车配备了高精度的导航系统，可以准确地确定车辆当前位置，并实时在矿场内进行路径规划和导航。这使得卡车可以自主地遵循路线，并绕过障碍物和危险区域。

（3）环境感知：无人驾驶卡车通过使用各种传感器，如激光雷达、摄像头和超声波传感器等，可以感知周围环境，并实时监测车辆周围的障碍物、人员和其他车辆。这样可以及时做出反应，避免发生碰撞和事故。

（4）前瞻决策和控制：无人驾驶卡车搭载先进的算法和人工智能系统，能够在实时情况下做出智能决策。它们可以根据矿场的情况，选择最优路径、调整速度和距离，并与其他车辆进行协调，以确保运输的高效和安全。

（5）远程监控和管理：无人驾驶卡车的运行状态可以通过远程监控和管理系统实时监测和追踪。这使得操作员可以远程查看车辆的位置、速度和运行状态，并在需要时进行干预和控制。

（6）数据收集和分析：无人驾驶卡车配备了传感器和数据采集系统，可以收集各种环境数据和车辆运行数据。这些数据可以用于矿场的生产管理、安全监测和性能优化，帮助提高生产效率和管理效益。

通过实现无人驾驶卡车的自动化运输，露天矿场可以减少人为错误和事故风险，提高工作效率和安全性。此外，无人驾驶卡车还可以在艰苦和危险的工作环境中代替人力，降低劳动强度，提高生产效率。

露天矿安全生产管控及智能决策系统的无人驾驶模块具有以下特色：

（1）露天矿区复杂环境下的无人驾驶自主导航定位。在智能卡车的应用中，定位和导航问题是一个基本问题。导航定位模块用来确定无人驾驶车辆的位置和运动方向。导航定位是无人地面车辆实现自主行驶的基础，只有当其知道当前自身状态，才能决定下一时刻的运动决策。

基于惯导+差分 GPS 多模式定位系统：矿区是一个多元异构环境，不同的环境类型互相交织重叠在一起。当卡车穿行在这些环境中时，多模式定位系统的各组成部分的定位精度是不断变化的。当处于天空视野开阔地带时，GPS 系统的定位精度较高；当进入矿体边坡遮挡时，视觉和激光雷达定位方式的定位精度较高。从时间上划分，则更新频率最高的里程计定位的瞬时精度最高；其次是视觉定位；再次是激光雷达；最后是卫星定位。由此，各定位组成部分之间必须有机地融合在一起，才能实现不间断的智能卡车定位。基于惯导+差分 GPS 等多种组合定位导航的卡车定位技术，对卡车的运行轨迹和运行状态进行实时采集和存储，首先利用高精度 GPS 技术进行分析研究，利用差分法对车辆进行精准定位，采用载波相位差分技术实现车辆的精准定位，即 RTK 技术。

RTK（real-time kinematic，实时动态）载波相位差分技术，是实时处理 2 个测量站载波相位观测量的差分方法，将基准站采集的载波相位发给用户接收机，进行求差解算坐标。RTK 技术的关键在于使用了 GPS 的载波相位观测量，并利用了参考站和移动站之间观测误差的空间相关性，通过差分的方式除去移动站观测数据中的大部分误差，从而实现高精度（厘米级）的定位。

矿山无人驾驶系统硬件结构如图 5.72 所示，硬件系统主要包括 RTK 基站、RTK 移动站与一台工控机。工控机通过 RS232 获取 RTK 信号，在人工驾驶记录阶段，工控机直接将 RTK 解算出的当前位置（WGS84 坐标系）与车身朝向记录在工控机内；在自动驾驶阶段，工控机利用事先记录的行驶路径，RTK 提供的当前位置、车身朝向，角度编码器提供的前轮角度，通过 IO 量控制矿车左右转向，保证矿车沿记录路径行驶。

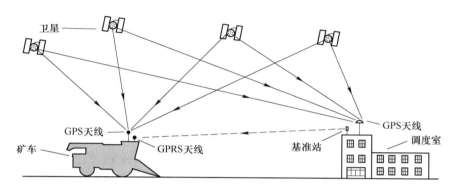

图 5.72　RTK 技术示意图

然后综合采用里程计、陀螺仪等内部相对定位和绝对定位方法相结合，继续充分研究多种导航定位方式。

车辆姿态定位及算法：在车辆上装 2 个 GPS 位置接收系统，2 个 GPS 数据，即可获取车辆实时动态矢量，从而驱动车辆转向系统，调整车辆姿态达到预定要求。

（2）矿区无人驾驶卡车路径规划及自主避障。首先构建矿区无人驾驶道路网络，重点侧重于局部路径规划问题，即车辆在矿区行驶过程中，如遇到障碍、行人、车辆、甚至小动物等，如何获取正确的行进路径。传统的 Dijkstra's 算法、随机采样算法和基于差值曲线的路径规划算法只能应用于局部路径规划。状态空间搜索是在一定的状态空间中，寻找从初始状态到目标状态的路径的过程。由于在求解问题的过程中存在很多分支，求解条件的不确定性和不完备性，使得最终计算得到的路径有多条，这些路径就组成了一个图，这个图就是状态空间。问题的求解实际上就是在这个图中寻找一条路径，可以从初始点顺利地到达目标点，这个寻找路径的过程就是状态空间搜索，再通过与主控系统交互实现局部路径的规划选择。

无人驾驶车辆局部避障能力的提高能够有效改善导航系统的效率，拟借鉴移动机器人领域的局部避障方法改善无人驾驶车辆的局部避障性能。无人驾驶矿卡车是基于高精度 GPS 定位系统实现自主导航，配合 ZED 双目相机进行避障。由人工操作无人驾驶车提前进行 GPS 点位的采集，利用 NURBS 曲线插值法构建车辆运行的二维轨迹路径。车辆的自主驾驶运行过程中采用 NURBS 曲线算法中寻找最近点的方法，实时寻找车辆运行的目标点，结合车辆的航向角计算出车辆所需的舵量以及适宜速度，利用中值滤波方法处理数据后，实时控制车辆线控系统，从而让无人驾驶车沿着该轨迹运行。在行进的过程中，当 ZED 双目相机检测到前方出现障碍物或坑洼时，制作局部 GPS 路网，并且根据车辆航向角和路网信息进行局部 GPS 路网和整体路网的融合。无人驾驶矿车自主导航与障碍规避工作流程图如图 5.73 所示。

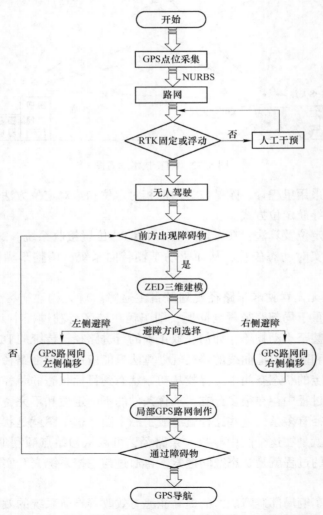

图 5.73 无人驾驶矿车自主导航与障碍规避工作流程图

1）无人驾驶 GPS 导航算法。根据实际道路情况在软件中提前设定打舵参考行 n，相当于选取距离车辆一定距离的 GPS 点位作为车辆打舵的目标点。

车辆前后自身安装了 2 个 GPS 天线，根据这 2 个天线位置计算出车辆与参考行 GPS 点位的连线与地球正北的夹角 β：

$$\beta = \arccos \frac{y_3 - y_1}{x_3 - x_1} \tag{5.5}$$

对打舵角度 δ 进行中值滤波处理：

$$\delta_t = \mathrm{median}\big[\delta_{(t-4)} + 2\delta_{(t-3)} + 2\delta_{(t-2)} + 2\delta_{(t-1)} + 3\delta + 2\delta_{(t+1)} +$$
$$2\delta_{(t+2)} + 2\delta_{(t+3)} + \delta_{(t+4)} \big] \tag{5.6}$$

计算机将打舵角度 δ_t 发送给下位机，计算出车辆打舵的信号电压二次多项式为：

$$v = \frac{\delta_t |\delta_t|}{156} + \frac{8\delta_t}{5} + \frac{\mathrm{Sum}\delta_t}{150} + 4(\delta_t - \mathrm{Last}\delta_t) \tag{5.7}$$

无人驾驶车速度的控制采用设定一个 $\mathrm{max}v$ 和 $\mathrm{min}v$，反复试验确定车速 v 和打舵角度 $\nabla\theta_t$ 之间的关系如下：

$$v = \begin{cases} \mathrm{max}v & \Delta\theta_t \leqslant 3 \\ \mathrm{min}v + \dfrac{\mathrm{max}y - \mathrm{min}v}{140}(35 - \Delta\theta_t) & \Delta\theta_t > 3 \end{cases} \tag{5.8}$$

2）避障控制策略。为了配合 GPS 导航，需要将障碍物的相机坐标系转化为世界坐标系。

$$\begin{bmatrix} X_{\mathrm{W}} \\ Y_{\mathrm{W}} \\ Z_{\mathrm{W}} \end{bmatrix} = \begin{bmatrix} C_{00} C_{01} C_{02} \\ C_{10} C_{11} C_{12} \\ C_{20} C_{21} C_{22} \end{bmatrix} \begin{bmatrix} X_{\mathrm{C}} \\ Y_{\mathrm{C}} \\ Z_{\mathrm{C}} \end{bmatrix} + \begin{bmatrix} D_x \\ D_y \\ D_z \end{bmatrix} \tag{5.9}$$

式中，X_{W}、Y_{W}、Z_{W} 为世界坐标系；$C_{m \times n}$ 为旋转矩阵；X_{C}、Y_{C}、Z_{C} 为相机坐标系；$\begin{bmatrix} D_x \\ D_y \\ D_z \end{bmatrix}$ 为平移矩阵。

相机坐标系向世界坐标系的转换过程可视为坐标系先绕 Z 轴旋转，然后绕 Y 轴旋转，最后绕 X 轴旋转的过程，但最终还需要做出适当平移达到相互统一。

当 ZDE 双目相机探测到前方出现障碍物时，采用两步判断法进行路网重建。首先基于可通过性判断，当障碍物的一侧仍然存在其他障碍物或坑洼，排除从该侧避障的可能性；其次从左右侧避障的路径长度来判断，分别计算车辆与左右角

点的距离 d_L、d_R：

$$d_L = \sqrt{(x_n - x_L)^2 + (y_n - y_L)^2} \qquad (5.10)$$

$$d_R = \sqrt{(x_n - x_R)^2 + (y_n - y_R)^2} \qquad (5.11)$$

x_n、x_L、x_R 与 y_n、y_L、y_R 分别表示车辆前端定位点与左右角点的横纵坐标。

当右侧路径较长，$d_L - d_R \geq 3m$ 时，选择从右侧避障；当左侧路径较长，$d_R - d_L > 3m$ 时，选择从左侧避障。

3）避障传感器。超声波测距基本思想：发送超声波的同时开始计时，接收到反射超声波计时结束，用时为 $t_0(s)$，由公式得出测距为 $D(m)$：

$$D = \frac{ct_0}{2} \qquad (5.12)$$

$$c = 331.4\sqrt{1 + T/273} \approx 331.4 + 0.607t \qquad (5.13)$$

$$T = t + 273.15 \qquad (5.14)$$

式中，D 为测得距离，m；c 为超声波传播速度，m/s；T 为绝对温度，K；t 为实际温度，℃。

利用超声波实际测距时，超声波发射电路、接收电路及单片机信息采集对于测量时间会产生一个固定的延时，使得测量结果会有误差，因此超声波测距必须修正延时。

设 t_1 为测得距离 S_1 所用时间，t_2 为测得距离 S_2 所用时间，且 t_1 和 t_2 是连续两次的测量，则超声波实际在这两次测量用时分别为 $t_1 - \Delta t$、$t_2 - \Delta t$，可以得出：

$$\Delta t = \frac{S_2 t_1 - S_1 t_2}{S_2 - S_1} \qquad (5.15)$$

在实际测距时，将测得 t_1、t_2、S_1、S_2，代入公式得到 Δt，再用测距时间减去 Δt，便可消除电路延时对超声波测距的影响。

（3）露天矿特殊环境的无人双向行驶运输方式的实现。露天矿山，自卸车在装载端，一般需要完成一次掉头动作，将车尾朝向装载机。满载后驶向破碎站，到达破碎站后，需要再完成一次掉头，车尾朝向破碎站，完成卸料。每一个循环，自卸车需两次掉头，从爆堆到破碎站，大多运输距离小，这样自卸车掉头发生的能耗和工时损失，占比很大。

为此，针对这一情况，利用无人驾驶车的特点，创造出自卸车重载后退行驶的运输方式。在装载点，自卸车侧方位停在装载机旁，装载完成后，直接倒车行驶，直到破碎站完成卸料。

为此，需要解决以下几个问题：

1）车尾安装视觉系统、毫米波雷达避障系统，达到后退与前进时同样的安全可靠性。

2）安装车辆载荷识别系统，判断车辆当前载荷，由此决定车辆的行驶方向。

3）增加前后传感器软件的自动切换功能。

4）强化变速箱后退档齿轮的强度，以适应车辆长时间重载后退行驶的需要。

5）由于 RTK 天线装置在车头，后退行驶时，车尾的位置误差比车头大 5~10 倍，需要在车尾安装一个 MEMS 传感器，用来纠正后退时车辆角位移误差。

5.3.10 多场融合边坡监测系统

露天矿安全生产管控及智能决策系统设计的多场监测滑坡灾害态势感知预警系统平台采用浏览器——服务器结构，是目前应用系统的主流发展方向，软件系统界面相比传统的 B/S 架构更加美观与友好，减轻了系统维护、升级的支出成本，使得系统用户使用更快捷、方便、友好。

（1）多场监测模块。多场监测滑坡灾害态势感知预警系统平台中多场监测主要是指三维激光扫描监测、微震监测、红外测温等监测手段。

三维激光扫描是监测露天矿边坡表面位移的重要手段，具体功能包括滑坡位移云图、选定区域实时曲线分析、历史曲线查询、速度与加速度监测、滑坡报警阈值设置、报警参数的设置、设备管理等功能。边坡位移云图能够更加直观的展示边坡和各台阶工作面的位移变化程度，通过设置不同的采样时间间隔可得到不同的边坡位移云图，还可以对指定区域进行放大分析，并可以对不同位移大小设置不同颜色，使位移变化一目了然。

每种监测手段都包含历史数据管理模块，可以按照需求对历史数据进行统计、分析与查询。如三维激光扫描位移监测手段的历史曲线分析可以查询一段时间内一定区域的位移变化曲线。矿山安全管理人员通过对指定台阶和传感器测点的数据进行回放，截选滑坡灾害前兆信息，建立历史数据库，为滑坡灾害预警提供数据支撑。

微震监测主要监测小尺度的岩层、断层、节理裂隙的突然错动或开裂所产生的弹性波。微震监测系统能监测到边坡内部微小的岩体破坏信号，并对爆破或较大地压活动的微震事件进行有效监测和空间定位。微震监测模块包含在线监测、历史曲线回放、事件定位分析、降噪分析、报警设置、日志记录和设备管理等功能。

微震定位事件是指能量达到一定阈值触发多个传感器监测的事件，主要分为爆破事件和岩体破坏事件。分析多场监测滑坡灾害态势感知预警系统定位事件，可以确定岩体破坏发生的具体位置，能在一定程度上为岩体破坏预警提供依据。经过对定位事件的定位分析及筛选处理，对达到一定电平阈值的事件按日统计，可得到岩体破坏趋势图，如图 5.74 所示。

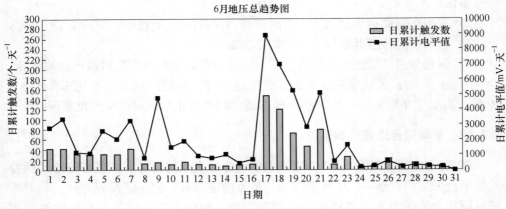

图 5.74　微震事件统计界面

　　矿山实际监测环境往往比较复杂，微震监测设备在监测到有用信号的同时，往往掺杂着大量干扰信号如爆破、凿岩、矿卡运输和电磁辐射等扰动引起的噪声信号，利用 FFT 谱分析、小波降噪等方法可有效提取岩体破坏信号。去噪前后对比图如图 5.75 所示。

　　滑坡发生前往往伴随着温度场的升高，红外测温模块能较准确的监测到边坡的温度分布情况。随着遥感技术的蓬勃发展，各种类型的矿用红外测温仪被广泛应用。红外测温仪能够提取一定范围的边坡区域温度场热像，测出红外辐射温度（*IRT*）值，通过有限差分法分析还可以得到边坡温度场分异速率。矿山安全管理人员可通过报警参数功能设定阈值来实现对滑坡灾害的实时预报。

　　（2）滑坡灾害态势评估模块。滑坡灾害态势评估模块是基于态势评估框架，将采集到三维激光扫描、微震监测、红外温度监测等多场流数据进行标准化与归一化处理，通过数据融合算法识别并提取影响灾害演化趋势的指标因素，应用集对分析模型，计算出边坡安全态势值，对当前边坡的安全态势等级作出评估，为矿山安全生产提供安全保障。

　　矿山安全管理人员可以使用评估方法管理功能自定义添加评估模型，通过选择合适的评估模型和方法，可以对选定区域的态势进行评估，并将危险度较高评估结果微信推送或短信报告给管理人员。

　　（3）滑坡灾害预警模块。滑坡灾害预警模块是指通过多种智能预测算法对多场监测流数据进行实时跟踪，并对未来一段时间内边坡的安全演化态势进行预测。将系统预测值与设置的预警阈值进行对比分析，对可能发生的滑坡灾害进行预报，如位移超限预警、岩体破坏预警等，并将预警信息以微信推送和短信推送的方式告知相关管理人员，使矿山生产运行人员及安全管理人员能及时掌握灾害趋势及影响情况，为提前采取防灾措施赢得宝贵时间。滑坡灾害预警模块包含单

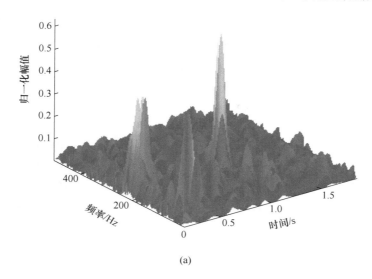

(a)

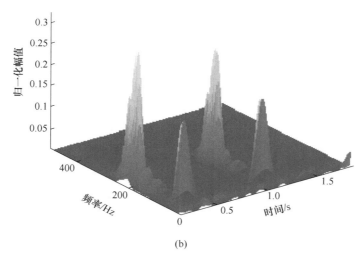

(b)

图 5.75　微震信号去噪前后对比图
（a）去噪前；（b）去噪后

变量混沌预测、多变量重构预测、多模型融合预测等功能模块。

滑坡灾害预警模块既可以对边坡安全态势作出定性预报，如安全态势等级预报，还可以给出滑坡灾害的变形速率、发生时间、发生区域及强度等定量分析。

用户可以选择多种预警方法进行分析，可以对方法的参数进行设置，还可以通过预警方法管理模块导入新的方法。滑坡灾害预警模块还包含报警参数设置功能，矿山安全管理人员可以根据露天矿边坡的实际情况设置不同的报警参数，位移警戒报警参数设置界面如图 5.76 所示。

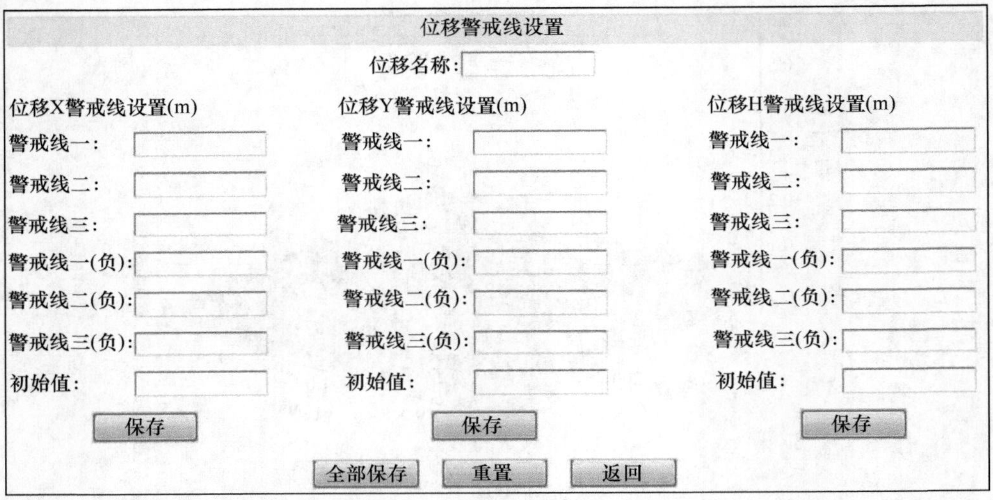

位移警戒线设置		
	位移名称: _____	
位移X警戒线设置(m)	位移Y警戒线设置(m)	位移H警戒线设置(m)
警戒线一: _____	警戒线一: _____	警戒线一: _____
警戒线二: _____	警戒线二: _____	警戒线二: _____
警戒线三: _____	警戒线三: _____	警戒线三: _____
警戒线一(负): _____	警戒线一(负): _____	警戒线一(负): _____
警戒线二(负): _____	警戒线二(负): _____	警戒线二(负): _____
警戒线三(负): _____	警戒线三(负): _____	警戒线三(负): _____
初始值: _____	初始值: _____	初始值: _____
保存	保存	保存
	全部保存 重置 返回	

图 5.76   报警参数设置界面

6 结论与展望

6.1 研究成果的作用和影响

云服务下露天矿智能生产管控及智慧决策关键技术的研发，主要是将配煤作业计划，采、装、运、卸生产调度以及运输量自动计量统计与管理集成为一体，采用物联网、大数据、人工智能等新一代信息技术，实现对采、装、运、卸生产过程的实时数据采集、判断、显示、控制与管理，对配煤计划实施动态智能优化，实时监控和智能调度卡车、挖机等设备的运行，实时对采煤生产的数据进行智能监测及智能控制，运用大数据的相关理论和方法，构建大数据驱动下生产运行分析与决策方法论体系，从而使露天煤矿生产达到"智慧"运行，最终形成一种信息化、智能化、自动化的全方位的新型现代露天煤矿智慧云生产管理决策系统。主要突出如下优势：

（1）全新的三维可视化平台，实现全矿管控一张图。集成三维可视化矿业软件，将地质建模—采矿设计—生产管控实现全作业流程有机整合，将地表模型、作业计划、爆堆模型等设计建模数据实现与管控系统共享共用。

（2）全新的卡车调度算法，作业设备效率将大幅提升。原有的系统为了保证配矿的效果，主要采用按照配矿计划人工绑定的方式进行调度，卡车每班严格按照调度指令进行装—运—卸操作，调度模式简单，容易造成车辆运输排队等待时间长、运输效率低下等问题，为此本书采用"滴滴"派单式调度，车辆根据当前装、运、卸的实时状态，进行智能派车，每运一车接受一次派车，大幅减少车辆排队等待时间，为此需要研发全新的智能调度算法。

（3）全新的数据管控流程，着重实现装运卸闭环管控。为配合上述调度算法的实现，需要进行全新的数据感知（输入）模块设计，系统需要实时全面监测当前卡车状态（待命、故障、主动停运、空车待装、重车待装、重车待卸等）、武装点状态（正常装载、故障、主动停装）、卸载点状态（正常、故障、主动停卸）、指派优先等进行实时感知，为获取相应的状态，需要开发对应的挖机 APP、破碎站 APP、车辆司机 APP 等 3 个应用程序，为了适应苹果手机 IOS 和其他手机的 Android 操作系统，共计 6 个 APP 应用程序。

（4）全新的吨公里核算模式，精细化采矿成本控制。为了支持通过车辆距离功的方式进行运输成本核算，一方面需要对当前的卡车移动终端进行终端软件的升级开发，支持车辆实时路线里程统计；另一方面需要通过软件系统，对车辆的装载点—卸载点的重载里程进行实时汇总分析，需要开发相应的里程统计算法和对应的软件操作界面，以及距离功报表自动生成功能等。

云服务下露天煤矿智能生产管控及智慧决策关键技术，不仅适用于露天煤矿，对金属露天矿的开采同样适用。针对我国金属矿产资源贫矿多、伴生矿多、综合利用率低、信息化程度低等特点，团队围绕露天开采优化设计及生产管控流程，已取得三方面创新性成果并获重大工程应用：

一是创立了多金属多目标智能生产管控技术与方法，提出了露天开采作业设备实时调度及一体化管控技术，研发了金属露天矿数字化采矿生产管控集成系统，已应用于洛钼集团、内蒙古乌海、鄂尔多斯、安徽马鞍山等24个矿区，管控大型设备2786台，应用后仅洛钼集团提高设备作业效率13.29%，品位波动率由15.82%降低到4.35%，年创经济效益达2.72亿元。该成果先后通过中国有色金属工业协会鉴定，孙传尧院士和张国成院士等专家最后形成鉴定意见：该项目整体技术达到国际先进水平，其中钼钨露天矿多目标优化配矿管理技术达到国际领先水平。该成果获得中国有色金属工业科技进步奖二等奖、第四届中国工业大奖提名奖、陕西省高等教育科技进步奖一等奖。

二是研发了露天矿无人采矿装备及智能管控关键技术，研究露天矿区道路下新能源纯电动矿用无人驾驶技术，提出了5G通信下露天矿区无人装-运指令集群控制技术，研发了露天矿无人开采管控一体化集成应用及决策平台。2019年4月，中国有色金属工业协会组织于润仓院士和吴爱祥教授等专家形成的鉴定结论：该项目整体技术达到国际先进水平，其中矿用新能源电动无人驾驶卡车技术、5G无人采矿管控技术达到国际领先水平。该成果获中国有色金属工业科技进步奖一等奖、第四届中国工业大奖提名奖、陕西省高等教育科技进步奖一等奖等荣誉，得到自然资源部国家地质局、新华社、搜狐网等媒体报道和广泛关注。

三是提出了贫矿与低品位伴生资源一体化开采的动态工业指标构建方法，创立了品位-价格-成本约束下的精细化全流程排产模型，提出了多阶段多目标协同排产高效优化技术，解决了贫矿与低品位伴生资源难以综合利用的难题，成果推广后，仅三道庄矿就新增稀有金属资源储量2.99亿吨，可延长矿山服务年限24年，岩石减少1.4亿吨，新增产值353.74亿元，经济生态效益十分显著；应用该成果的三道庄露天矿贫矿与低品位钼钨矿综合利用工程被自然资源部确定为示范工程；该成果于2015年通过河南省科技厅组织的鉴定，专家一致认为该成果整体技术达到国际先进水平；2018年4月低品位伴生资源综合利用技术入选"自然资源部矿产资源节约与综合利用先进适用技术推广目录"，并被专家组认定达到国际领先水平，在全国乃至世界都具有示范借鉴和推广应用价值。该成果先后以第一作者或通信作者发表论文 17 篇,其中 SCI/EI 收录 9 篇,授权发明专利 5 项,获河南省科技进步奖二等奖、洛阳市科技进步奖一等奖、西安市科技进步奖二等奖。

6.2 研究成果的应用前景

煤炭在我国能源消费中占据主导地位,达到了 65% 以上,在动力、炼焦及煤化工等领域依然具有重要战略意义。露天煤矿在煤矿开采中仍占据重要地位,我国鼓励和优先发展大型露天煤矿,截至 2022 年底,我国仍有产能 100 万吨/年以上的大中型露天煤矿 100 多座,总计产能 5 亿吨/年左右。露天煤矿产量已居世界第二,我国已成为露天采煤大国。露天煤矿生产现场见图 6.1。我国煤炭行业发展还存在以下痛点与不足。

(1)痛点一:我国矿山智能化水平明显落后于矿业发达国家。随着信息技术、人工智能技术的快速发展,矿山智能化已成为全球矿业领域的技术热点和发展方向。矿业发达国家自 20 世纪 90 年代已经开启矿山自动化、智能化的研究,并取得了进展。但是,我国矿山智能化水平在装备水平、管理模式、技术条件等各方面均明显落后于矿业发达国家。我国矿山仍处于资源利用率低、环境破坏严重的不良状态,所以用科技创新助力绿色矿山建设是未来努力的方向。

全球化背景下,原有的采矿方法不能满足我国日益腾飞的经济发展速度,矿山企业需要朝着"低成本,高效益"的方向不断迈进等。生产改革技术降低了生产成本,低成本采矿需要对生产技术进行革新,技术改造涉及的环节和范围广

图 6.1 露天煤矿生产现场

泛，采矿技术和采矿操作的更新，需要生产管理的改革配合，只有技术革新和生产管理的革新相配套，我国矿业的智能化发展才能顺利推进。我国大部分矿山企业目前的生产管理技术已不能满足矿山企业的生产发展需求，所以发展智能化、信息化矿山迫在眉睫。

（2）痛点二：人口老龄化现象严重，矿山劳动力不足。中国人口的老龄化程度正在加速加深。图 6.2 所示为 2007~2020 年中国 60 岁以上人口数量及比重，考虑到 20 世纪 70 年代末，计划生育工作力度的加大，预计到 2040 年我国人口老龄化进程达到顶峰，之后，老龄化进程进入减速期。

现代矿山企业大都处于半自动化状态，矿卡驾驶员的工作仍旧处于 24h 高强度工作状态，矿山采场恶劣的工作环境，对矿卡驾驶员的技术水平提出了更高的要求，同时也对驾驶员的身体状况产生了极大的危害，这使得无人驾驶矿卡成为必然发展趋势。

图 6.2　2007~2020 年中国 60 岁以上人口数量及比重统计图
▨ 60岁以上人口数量/亿人　—— 60岁以上人口比重/%

（3）痛点三：矿山安全问题突出，安全事故频发。从当前我国采矿行业的发展来看，露天矿山工程开采过程中出现的安全问题越来越多，例如爆破危险、触电危险、起重安全隐患等，对露天煤矿的开采具有十分严重的影响。矿山安全问题，一直是世人关注的重大问题。坍塌是露天矿山的主要危险因素之一，坍塌在露天矿山主要表现为边坡失稳和破坏，发生事故的后果是造成重大人员伤亡和设备设施损坏，对生产企业造成重大经济损失；除此之外，爆破作业过程中发生的伤亡事故、物体打击事故、高处坠落事故、车辆伤害事故、机械伤害事故等都会威胁矿山安全问题。把 5G 技术应用于矿山，开发出无人采矿设备，运用无人驾驶进行采矿生产，实现无人矿山，可以从根本上避免人员伤亡，这已成现实。

（4）痛点四：传统人工作业生产效率低下，生产成本增加。劳动生产率是社会生产力发展水平的体现，是国民经济的一个主要指标，它反映一个国家经济的发达程度，也是反映企业技术水平、管理水平和贡献大小的重要指标。矿山与一般工厂相比，其所处环境、服务期限、工作条件等都不相同，因此提高生产效率更有重要的意义。例如：

1）矿山是随自然资源所在而建立，往往远离城镇，地处偏僻，如果生产效率不高，队伍过于庞大，为保证其生产和生活必须，就要付出比城市更多的费用。

2）矿山都有一定的开采年限，结束时队伍就要转移。另外，由于市场需求的变动，其产量也需调整。如果效率不高，队伍庞大，转移和调整势必困难更大。

3）矿山的工作空间常常要不断维护，如生产效率不高，势必造成多台阶或多中段作业，从而增加了维护费用。

4）矿山作业是在复杂多变和比较恶劣的环境中进行，人多则容易发生事故，并且增加发生职业病的机率。

5）矿山作业由于条件艰苦，劳动报酬一般高于其他行业，如果生产效率不高，人员工作积极性低，矿石成本中的工资比重增大，将明显地影响经济效益的提高。

（5）痛点五：矿山行业人才稀缺。人才市场严重短缺，企业招不到人，如2018 年在甘肃某矿山类职业院校举办的毕业生双选会上，陕西某年产 400 万吨的大型煤炭企业，签约人数不足 10 人，内蒙古某有色矿业更是零成交，场面十分尴尬。其实，矿山类专业人才的市场上本身很少，而且此类专业因为报考人员太少，院校大多进行了招生人数压缩或专业取消。而有些大学生与矿上签约后，到矿上干三五个月便"毁约"，投入其他企业的"怀抱"，招不到人导致企业专业人才严重不足。企业在技术滞后的状态下持续运行，技术力量不足造成运行不畅，成本增加，效益下滑。缺乏生产技术骨干，已成为煤矿发展之痛。

此外，我国矿产资源经多年高强度持续开采，许多矿区已变得千疮百孔，形成大量采空区群，随着露天生产的不断推进，越来越多的生产台阶临近采空区，且采空区多年来受自重、风化与爆破振动等作用，岩层稳固性下降，矿区内的地压活动更加剧烈与频繁，露天坑底开裂、变形与坍塌随时可能发生，它们对露天矿正常生产构成严重威胁。大力发展露天智能开采乃至无人开采技术，革新露天开采模式，减少作业人员，提高生产效率与安全性是当前我国露天开采的必然选择和必经之路。尤其是针对具有高放射性的铀矿、钍矿等，金属具有天然放射性，在开采时对人体具有极大伤害，但这类矿山又是国家必不可少的战略资源，所以针对这类高放射性矿山亟须开展无人开采关键技术相关研究，以解决高放射性对施工作业人员的辐射伤害。另外高海拔地区的矿山，如位于西藏、青海等高海拔地区的矿山，因海拔高，很多人为操作的机械设备由于高海拔氧气稀薄的因素无法像平原一样正常生产，所以导致这些矿山生产效率远低于低海拔地区的矿山。

无人开采多工序协同智能调度方法研究将构建露天矿集群作业无人开采的"超级大脑"，是复杂采矿生产环境下安全生产和矿山企业转型升级的迫切需求，是全面实现露天矿无人开采的重要基础。在矿山领域，国内大部分露天矿山生产仍然依赖于传统的采矿方法和运输方式，其缺点是劳动强度大、安全保障措施不足，导致矿山劳动力成本不断攀升，安全事故频发。利用科技让机械取代人类从事危险工作，许多矿山迫切需要自主运行的无人驾驶智能机械设备来代替人类从事采矿活动。无人驾驶矿卡既在生产中可以不考虑人为因素导致的生产衔接问题，并且可以24h不间断开采，其生产效率可显著提高，也可以大大降低因为安全生产事故导致的人员伤亡，保障企业安全生产和降低矿工职业危害。

智慧矿山采用信息化控制与检测技术，加快传统矿山行业转型升级，实现矿山企业从粗放开采、无序开采转向智能化、自动化、系统化发展。通过对山下、山上生产、安全等各环节的全流程信息管理，实现主要设备的各子系统自动化控制和检测，此外，通过应用计算机网络技术，实现对各子系统的互联网连接，整个露天开采生产环节的综合检测、控制、诊断等功能的应用极大提高了生产效率与安全环保水平。然而如今矿山智能化水平较低，提高矿山的智能化水平是众矿山企业必须面临的问题。云服务下露天煤矿智能生产管控及智慧决策关键技术的研发，通过基础智能网联、4G/5G通信、全矿高精度模型、生产作业设备实时管控等功能，实现对矿山的全局智能规划、智能调度、智能配煤和实时优化管控，极大地提高露天煤矿的智能化水平与安全生产效率。因此，本书的相关研究成果将极大推动我国露天矿智能无人矿山建设，在露天矿山领域具有十分广阔的应用前景。

露天煤矿全流程动态生产工业大数据分析及智慧决策系统能给矿山带来丰厚的效益。

6.2.1　安全效益

智能化煤矿建设，实施国家科技兴安战略，努力构建安全生产长效机制。通过使用先进的技术，在自动化、环境监测、事故预警、安全行为监控、安全风险及隐患排查、应急救援等方面为煤矿职工生命安全提供信息化保障。腾远煤矿智能化后，带来了以下安全效益的提升。

（1）少人则安、无人则安。通过建设采、掘、运、通、水、电等自动化系统，采用智能传感技术、通信技术、计算机技术、可编程控制技术，实现智能监测、智能分析、智能控制，从而减少人为失误操作，大大降低劳动强度，关键区域可减少人员值守，从而达到少人则安、无人则安的效果。

（2）加强人员行为管控，提升矿山安全管理水平。通过三维大数据融合平台和车辆安全驾驶分析系统，实现了覆盖全矿的实时、准确车辆位置监控，为日常管理、煤矿应急救援提供强有力支撑，通过平台提供的不安全行为识别和智能分析工具，自主识别驾驶人员的不安全行为，从而达到提升安全水平的效果。

（3）提升矿山的管理效能。建立高效的决策支持系统，实现优化调度，实现集中控制，实现了矿山决策的科学化、规范化、数据化管理，减少了决策的简单性、盲目性。

6.2.2 经济效益

（1）减人提效。建设完成之后，自动化水平大大提高，一些原先必须人为参与的工作全部由系统进行替代，解放了很大一部分劳动力，系统通过无人值守的运行模式可以节约员工薪水开销，减少部分开支，将这部分费用转移到更值得完善和优化的工作环节里。经过智能化煤矿建设，变电站、水泵站、智能掘进工作面、节能皮带运输集控系统、无人值守提升、全系统融合等，可以重新调整岗位、配置人员，下达用工计划。

（2）降本增效。通过智能调度系统，优化原有资源配置，按质按量优化生产，及时适应生产条件的变化，对于设备故障和非正常生产情况及时调度，减少卡车不必要的空跑，降低油耗，同时根据铲装能力、运输能力、破碎能力的平衡，可以优化设备的出动数量。实时优化调度，提高设备效率，提高效率8%～30%或更高，降低油耗3%～15%或更高。

6.2.3 管理效益

智能化煤矿建设是一个持续改进的过程，可以在很大程度上提升企业对于资源的管理效能，达到优化流程、明晰资源、提升效能的作用，在管理效能的提升上主要体现在以下几个方面：

（1）提升企业对于信息及资源的掌控能力、调度能力。通过建设煤矿智能管控一体化平台，在一张图上综合展示和调度各类安全和生产信息，实现对生产过程的透明管理和直观管理，大大提升了信息掌握的准确度和及时度，提升了管理效能。

（2）提升企业决策能力。通过煤矿安全、生产、调度、机电、设计、节能环保的自动化、信息化系统建设，基于大数据的关键设备故障诊断、煤矿安全生产及应急指挥子系统建设，提升企业在安全生产、应急指挥、预警预报、辅助支持上的决策能力。

6.2.4 社会效益

（1）提高企业科技水平，增强企业核心竞争力。通过应用先进技术对腾远煤矿进行智能化升级改造，提高煤矿科技装备水平和技术实力，帮助企业培养一批高素质、高技能人才，为煤矿可持续发展提供内生动力，通过增强技术储备、人才储备提升企业在煤炭行业的核心竞争力，也大幅度提高了企业自身的形象。

（2）行业示范作用。通过智能化煤矿建设，将给其他煤矿带来良好的示范作用，从而带动整个地区煤矿智能化水平的提高，最终提升企业的核心竞争力，示范作用将会扩大到整个行业，产生较大的社会效益。

（3）保障煤矿高质量发展，促进企业和谐稳定。将煤矿建成智能化矿山，不仅提升了企业整体形象，更有助于企业的可持续发展，对于促进企业和谐稳定，保障当地民生和职工幸福稳定具有重要意义。

6.2.5 云服务下露天煤矿智能生产管控及智慧决策关键技术在露天煤矿与金属矿应用案例

（1）内蒙古广纳煤业集团有限责任公司。内蒙古广纳集团的露天矿数字化智能开采生产管理平台是云服务下露天煤矿智能生产管控及智慧决策关键技术的一大应用成果（见图6.3和图6.4），目前平台上线车辆达到1200辆左右，并

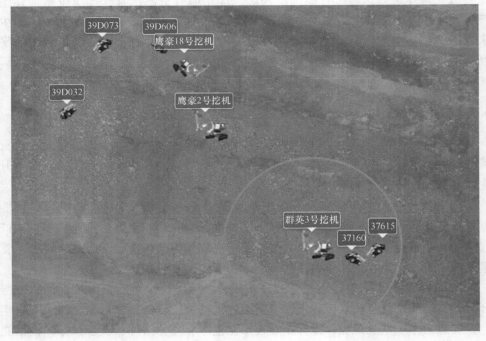

图6.3 露天矿数字化智能开采生产管理平台——定位监控

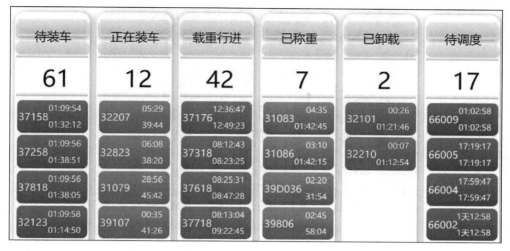

图 6.4 露天矿数字化智能开采生产管理平台——矿车状况

且，2023 年新上线了广纳旗下的 15 家煤矿企业以及安徽马鞍山、乌海和内蒙古等地的 10 多家矿山企业。

（2）洛阳栾川钼业集团股份有限公司。洛阳栾川钼业集团股份有限公司的洛钼集团露天矿智能开采生产管理平台是优迈智能科技的 UMining 露天矿生产管理平台、无人矿卡智能生产管控的重大应用成果，目前平台上线车辆达到 600 辆左右。洛钼集团是国内首个无人采矿技术落地的矿山企业，目前无人矿卡已在现场以 15 辆/组编队运行，实现了露天矿区钻、铲、装、运全程无人操作，使矿区生产的安全性、开采效率、资源利用率得到提升，降低了生产成本。产品具体应用情况如图 6.5~图 6.10 所示。

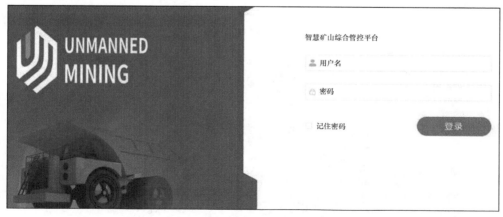

图 6.5 洛钼集团露天矿智能开采生产管理平台

图 6.6 洛钼集团露天矿智能开采生产管理平台——全矿监控

图 6.7 洛钼集团露天矿智能开采生产管理平台——运载排名

图 6.8 洛钼集团露天矿远程管理矿山

图 6.9 洛钼集团露天矿矿车装载

图 6.10 洛钼集团露天矿矿车运输

6.3　研究中的问题

6.3.1　车载终端可靠性问题

露天矿卡运行时间长、振动大，车载终端设备容易损坏，进而影响整个智慧决策系统的稳定运行。如何确保终端设备的稳定性，有效延长设备使用寿命至关重要。

在安装方法上，经过长时间的试验，积累了相关经验：

（1）根据所需安装设备的车辆型号，考虑设备供电及信号强度，确定合适的安装位置。

（2）设备天线安装位置，驾驶室内与室外信号差别较大。尽量将天线安装于车辆车顶信号较好的位置。

（3）定位天线接口处，需要用胶带进行加固。使用时间较长时，容易出现天线接口不牢固，天线脱落情况。

（4）矿卡安装终端设备完成后，需要出具纸质终端设备安装签收表，对每辆车设备安装的具体信息进行车辆人员签字确认，并在安装完成后进行车辆设备现场拍照，避免因人为损坏导致的设备故障。

在硬件设备故障检查与维护方面，需检查以下几点：

（1）PWR 绿灯常亮则表示设备正常通电。

（2）SD1 绿灯闪烁则表示设备正常启动运行。

（3）LOC 绿灯常亮表示卡槽锁未锁定，此时，设备不能正常启动。

（4）检查卡槽内是否已安装好物联网卡，并确保物联网卡内有费用。

（5）对照终端各接口的功能图示，看接线是否有误。

定期检查设备，如终端接线是否有松动，终端设备各接口对应的线是否完好，并留意物联网卡到期时间，及时续费（SIM 卡 GPRS 通信费），以免造成设备无法正常使用。

6.3.2　GPS 数据缺失或漂移问题

在智慧决策系统的实施过程中，常发生 GPS 信号丢失及漂移的问题，导致车辆信息监控误判进而影响正常生产活动。经过分析，终端设备不定位、定位飘移、定位一直在原地不动等情况主要是由如下原因造成：

（1）终端设备定位天线存在余电，导致定位天线切换状态异常。

（2）终端定位天线损坏。

处理方案：

（1）如终端设备定位天线存在余电，可对终端定位天线进行拔出，等待 3~5min 后重新插回，可恢复正常。

（2）查看定位天线后端的 12 方口连接线，是否存在插拔期间，导致线路松弛或线路掉落，如存在可与正常的设备天线后端线路核对，插回原位置可解决。

（3）以上方法不能解决时可联系厂家，对定位天线配件进行更换，将配件天线与定位天线连接，可解决天线不定位，定位异常情况。

（4）定位一直不动，已经安装配件天线的情况下，将配件天线与终端分离拔出，等待系统显示车辆不定位，再将天线连接终端可解决。

6.3.3　智慧决策系统鲁棒性问题

露天煤矿全流程动态生产工业大数据分析及智慧决策系统规模大，功能复杂，较高的系统鲁棒性是保障矿山安全生产的必要条件。在系统运行过程中可能出现以下问题：

（1）手机 APP 使用过程中刷新没有反应，退出后无法登录。

（2）手机 APP 登录有待优化，登录次数频繁导致登录失败。

（3）矿山平台调度任务改变后，系统不自动派单。

（4）挖掘机、卡车状态不是实时更新，需要手动进行刷新。

（5）在系统使用过程中部分卡车司机不按派单任务来执行。

（6）派单安排不合理，出现没有车辆、挖掘机等待卡车现象。

（7）卡车与挖机之间的读卡距离，应该设置合理，感应不到 RFID 卡。

（8）系统运行过久后 bug 过多，存在着派单中途终止问题。

（9）硬件设备安装完成系统使用过程中存在设备不定位现象，导致报表统计不准确。

经过多年的优化升级，露天煤矿全流程动态生产工业大数据分析及智慧决策系统大部分问题得以有效解决，系统鲁棒性进一步提升，在十多个矿区部署运营，获得了矿山企业的一致认可。

6.4　经验和建议

6.4.1　组建智能化运维团队

为保障智能生产管控及智慧决策系统的顺利运行，应成立智能化运维团队，由总经理担任项目组长，负责项目的统筹管理。副总经理担任项目副组长，协助管理项目运行过程监督、沟通协调工作。由生产矿长分管负责人，管理 4 个小组：网络搭建组、测试运维组、实施安装组和物资保障组，负责项目技术等工作。所有的上岗技术人员能够完成智能化装备的常态化运行、维护和故障诊断。运维团队是为了确保不同部门之间的紧密合作和有效沟通,包括矿山运营部门、信息技术部门、安全部门和技术供应商等。通过协调各个方面的工作,确保信息流通和决策顺畅。

(1) 成立智能化运维团队,包括至少5名经智能化培训合格取得资格证书的专业技术人员,能够完成智能化装备的常态化运行、维护和故障诊断。

(2) 煤矿具备智能化建设的保障措施,包括顶层规划、技术与装备保障、管理机制及规范、资金投入与落实、岗位培训(生产、管理)等方面。

(3) 建立完善智能运行考核机制和考核办法。每月对各部门和单位的智能化工作完成情况进行考核落实。

6.4.2　资金投入保障

智能矿山的建设不是一蹴而就的,相关硬件及系统要不断升级改进。应划拨智能矿山建设专项经费,根据建设目标每年投入足额完成智能矿山项目建设的资金。由公司财务部的专职出纳人员进行该项目的收付款业务,严格按照支付申请—支付审批—支付复核—办理支付的程序进行支付业务,做好账面记录及发票凭证管理,同时加强资金流量报表编制及上报。

国家发改委等部门印发最新修订后的《煤矿安全改造中央预算内投资专项管理办法》指出,为提升煤炭开采安全水平,促进煤炭安全稳定供应,保障国家能源安全,拟对符合条件的煤矿安全改造项目给予资金支持。鼓励推广应用煤矿智能化、自动化技术装备和信息基础设施,促进煤炭生产方式创新变革。矿山企业可申请政府补助来保障智能矿山建设的资金投入。

智能矿山建设的资金保障在以下几方面具有极高的必要性。

(1) 技术投入:智能矿山建设涉及先进的信息技术、传感器设备、数据分析系统等高成本技术设备和软件系统的采购与部署。资金保障能够确保足够的投资用于购买和更新技术设备,推动智能矿山建设的进展。

(2) 人才建设:智能矿山建设需要具备相关技术和专业知识的工程师、技术人员和管理人员。资金保障可以用于培训和引进相关人才,提高矿山人员的技术水平和应用能力,从而促进智能化技术的应用和推广。

(3) 设备维护与更新:智能矿山中使用的设备和系统需要定期的维护和更新,以确保其正常运行和性能优化。资金保障可以用于设备的正常维护和更新,延长其使用寿命,减少系统故障和生产中断的风险。

(4) 安全保障:智能矿山建设对安全管理提出了更高的要求,包括应急指挥系统、安全监测系统和智能安全装备等方面的投入。资金保障可以用于建设和完善这些安全保障设施,提高矿山的安全性和应急响应能力,降低事故风险。

（5）持续创新与改进：智能矿山建设是一个不断创新和改进的过程，随着新技术的不断涌现和市场的发展，需要保持对技术和系统的持续投入和升级。资金保障可以提供持续的经费支持，保证智能矿山保持技术先进性和竞争力。

总的来说，智能矿山建设的资金保障对于推动矿山的智能化转型和提高生产效率、安全性至关重要。只有确保有足够的资金投入，才能够有效地引入先进的技术设备和人才，保障设备的正常运行和安全性，并实现持续创新和改进，推动智能矿山建设的稳定发展。

6.4.3 开展岗位培训

当前我国矿山一线工作人员文化水平不高，对智能管控系统不熟悉，需定期组织操作培训。培训矿山工作人员和管理者，提高他们的安全意识、技术水平和决策能力。确保他们熟练操作安全生产管控及智能决策系统，有效利用系统提供的信息和功能，快速做出正确的决策。矿山生产部门经理要划分人员职责，制定参加培训的人员名单，联系系统服务方提供各种系统相关培训，针对现场的各种软硬件调试、维修方法和应用功能操作等方面进行技术讲课，派出系统管理员、网络管理员参加主机系统硬件、软件和网络日常操作、管理维护的培训，熟悉主机系统软、硬件和网络，掌握软硬件管理和维护操作技术。

为验证培训结果，组织矿区内部交流会，由熟练操作人员进行学习结果操作演示，其他人员对照查缺补漏，互相交流，保证流畅操作，必要时可要求系统服务方再次进行培训。

6.4.4 做好硬件稳定性保障

相比于其他行业，露天矿山生产环境恶劣，爆破、噪声、雨雪、粉尘等环境不仅危害着工作人员的身心健康，对矿山设备可靠性提出了更严苛的要求。且矿山的道路条件较差，恶劣工况随处可见，落石、坑洼、湿滑等路况对矿卡及其相关设备与数据采集产生影响。在矿山智能化改造升级过程中，对云服务下露天煤矿智能生产管控及智慧决策系统最大的不确定因素是各种软硬件原因导致的系统运行不畅，影响矿山生产进度。

通常系统的使用可用度 A_S 和 $MTBF$、$MTTR$ 之间有如下关系：

$$A_S = \frac{MTBF}{MTBF + MTTR + TMLD}$$

从系统使用可用度的公式可以看出，系统的可用度指标和 $MTBF$（平均失效间隔）、$MTTR$（平均恢复时间）、$TMLD$（平均后勤延迟时间）有直接的关系。要保证系统的可用度，需加强以下几方面的保障。

（1）选择高可靠的硬件设备。这一点是保证系统中各个硬件设备具有高的

MTBF 值，它是保证整个系统满足可用度指标的前提。重点对系统中的 GPS 接收机、数据链、计算机、通信设备、电源系统进行选择，以确保系统中所涉及的各个硬件环节的可靠性指标。

由于作业车上的电能由车载发电机产生，杂波及浪涌较大，车载控制产品内配备稳压电源模块来进行过滤，确保设备不被击坏。

（2）加强系统软件的可靠性设计。系统的可靠运行除了硬件保证之外，软件的可靠性也是非常重要的，因此在系统软件设计时突出系统性要求，严格按照国标有关规定规范化管理，最终提高软件的可靠性。

系统建设中在设备布局、站址选择、施工等方面突出考虑交通、供电等因素，尽可能减少由于系统设计带来的 *TMLD* 增大。

通过以上的保障手段，可以做到本系统的可靠性满足使用要求，将有利于智能化系统的推广和应用。

6.5 展　望

露天矿安全生产管控及智能决策系统介绍了西建大矿山系统工程研究所在智能调度、配矿优化和无人驾驶等领域的研究成果。智能调度系统能够基于大数据和人工智能技术实时监测和控制矿区各个环节的运作，从而提高生产效率和资源利用率。同时，配矿优化技术将能够通过智能算法和模型预测矿石品位、品质和堆场分布，实现更加精确和高效的配矿过程。此外，无人驾驶技术的应用将进一步减少人员操作风险，实现矿车和设备的自主运行，提高矿业生产的安全性和效益。展望未来，随着信息技术和智能化技术的不断发展，可以预见到露天矿安全生产将迎来革命性的变化。例如，虚拟现实（VR）和增强现实（AR）技术可以用于培训矿工、模拟危险场景和设计矿山布局等，这些技术可以提供沉浸式的培训和模拟环境，帮助矿工熟悉工作流程和危险情况，减少事故风险；与区块链技术结合，可以确保矿山数据的安全性和可信性，建立透明和可追溯的信息交互体系。总之，随着露天矿安全生产管控及智能决策系统的不断发展和应用，将为推动露天矿产业的智能化转型和安全生产做出更大贡献。

参 考 文 献

［1］ 何满潮，朱国龙．"十三五"矿业工程发展战略研究［J］.煤炭工程，2016，48（1）：1-6.

［2］ 徐竹财．大型煤炭企业高质量转型发展的探索与实践［J］.煤炭经济研究，2019（7）：70-73.

［3］ 蒋郭吉玛．智能采矿或将缔造当代矿业文明［N］.中国矿业报，2017-11-07.

［4］ 杨益敏．大明矿业：向绿色化、智能化矿山进军［J］.环境经济，2018（12）：60-63.

［5］ 杜明芳．智能互联网助推无人车快速发展［J］.中国信息界，2018（4）：70-73.

［6］ 刘宗巍，陈铭，赵福全．基于互联化的全天候汽车共享模式效益分析及实施路径［J］.企业经济，2015（7）：44-48.

［7］ 刘艾瑛．为打造智能化矿业大国贡献一份力［N］.中国矿业报，2015-06-09（B01）.

［8］ 李志国．我国无人驾驶矿用自卸车发展现状和未来展望［J］.铜业工程，2019，156（2）：8-12，18.

［9］ Tamsmee S J, Kamalrulnizam A B. Fog based intelligent transportation big data analytics in the internet of vehicles environment: motivations, architecture, challenges, and critical issues［J］. IEEE Access, 2018, 6（99）：15679-15701.

［10］ 谢和平．"深部岩体力学与开采理论"研究构想与预期成果展望［J］.工程科学与技术，2017，49（2）：1-16.

［11］ 高文贵，王贤田，武德尧．基于钻孔瓦斯流量和煤层瓦斯含量测定有效抽采半径［J］.中国煤炭，2019，45（1）：143-146.

［12］ Shao J, Huang F, Yang Q, et al. Robust prototype-based learning on data streams［J］. IEEE Transactions on Knowledge and Data Engineering, 2018, 30（5）：978-991.

［13］ Khalajmehrabadi A, Gatsis N, Akopian D, et al. Real-time rejection and mitigation of time synchronization attacks on the global positioning system［J］. IEEE Transactions on Industrial Electronics, 2018, 65（8）：6425-6435.

［14］ Nagarathna K, Jayashree D. Mallapur. An optimized & on-demand time synchronization in large scale wireless sensor network：OOD-TS［J］. Emerging Research in Computing, Information, Communication and Applications, 2015, 16（9）：297-304.

［15］ Nemati H, Laso A, Manana M, et al. Stream data cleaning for dynamic line rating application ［J］. Energies, 2018, 11（8）：126-139.

［16］ Beyan C, Katsageorgiou V M, Fisher R B. Extracting statistically significant behaviour from fish tracking data with and without large dataset cleaning［J］. IET Computer Vision, 2018, 12（2）：162-170.

［17］ Henry D, Stattner E, Collard M. Filter hashtag context through an original data cleaning method ［J］. Procedia Computer Science, 2018, 130：464-471.

［18］ Chan H S, Dickinson E J F, Heins T P, et al. Comparison of methodologies to estimate state-of-health of commercial Li-ion cells from electrochemical frequency response data［J］. Journal of Power Sources, 2022, 18（5）：163-179.

［19］ 于帅，刘超，李盟盟，等. EMD-Wavelet-ICA 耦合模型及其在 GPS 坐标序列降噪中的应用 ［J］. 测绘科学技术学报，2016，33（2）：139-144.

［20］ 林晓佳，黄榕宁. 基于灵敏感知的异构传感器协作数据清洗机制 ［J］. 传感器与微系统，2015，34（8）：42-45.

［21］ 王永利. 基于时空布隆过滤器的 RFID 冗余数据消除算法 ［J］. 南京理工大学学报，2015（3）：22-29.

［22］ 刘仰鹏，贺少辉，汪大海，李丹煜. 基于空间插值的工程岩体 RQD 预测方法 ［J］. 岩土力学，2015，36（11）：3329-3336.

［23］ 段平. 三维空间场各向异性径向基函数空间插值模型研究 ［J］. 测绘学报，2018（12）：1682-1696.

［24］ 李保林，王恩元，李忠辉. 煤岩破裂过程表面电位云图软件开发及应用 ［J］. 煤炭学报，2015（7）：1562-1568.

［25］ 王长虹，朱合华，钱七虎. 克里金算法与多重分形理论在岩土参数随机场分析中的应用 ［J］. 岩土力学，2014（S2）：386-392.

［26］ Agnieszka G，Bullet Z，Migaszewski M，et al. Geochemical background of potentially toxic trace elements in soils of the historic copper mining area：a case study from Miedzianka Mt. Holy Cross Mountains，south-Central Poland ［J］. Environmental Earth Sciences，2015，74（6）：4589-4605.

［27］ 崔晓临，程赟，张露，等. 基于 DEM 修正的 MODIS 地表温度产品空间插值 ［J］. 地球信息科学学报，2018，20（12）：1768-1776.

［28］ Bigdeli B，Pahlavani P，Amirkolaee H A. An ensemble deep learning method as data fusion system for remote sensing multisensor classification ［J］. Applied Soft Computing，2021（1）：563-576.

［29］ Simon L，Ahmed B A. Nearest neighbor classifier generalization through spatially constrained filters ［J］. Pattern Recognition，2013，46（1）：325-331.

［30］ Nada D，Bousbia-Salah M，Bettayeb M. Multi-sensor data fusion for wheelchair position estimation with unscented kalman filter ［J］. International Journal of Automation and Computing，2017，15（3）：1-11.

［31］ Yokoya N，Ghamisi P，Xia J，et al. Open data for global multimodal land use classification：outcome of the 2017 IEEE GRSS data fusion contest ［J］. IEEE Journal of Selected Topics in Applied Earth Observations and Remote Sensing，2018，11（5）：1363-1377.

［32］ 谢和平，鞠杨，黎立云，等. 岩体变形破坏过程的能量机制 ［J］. 岩石力学与工程学报，2008，27（9）：1729-1740.

［33］ 康向涛，黄滚，宋真龙，等. 三轴压缩下含瓦斯煤的能耗与渗流特性研究 ［J］. 岩土力学，2015，36（3）：762-768.

［34］ Emanuele I，Giovanni G，Francesco M，et al. Design and implementation of a landslide early warning system ［J］. Engineering Geology，2012，7：86-89.

［35］ Yaskevich S V，Grechka V Y，Duchkov A A. Processing microseismic monitoring data， considering seismic anisotropy of rocks [J]. Journal of Mining Science, 2015, 38：118-121.

[36] Agioutantis Z, Kaklis K, Mavrigiannakis S, et al. Potential of acoustic emissions from three point bending tests as rock failure precursors [J]. International Journal of Mining Science and Technology, 2016 (1)：588-601.

[37] 马天辉, 唐春安, 唐烈先, 等. 基于微震监测技术的岩爆预测机制研究 [J]. 岩石力学与工程学报, 2016, 35 (3)：470-483.

[38] 潘卫东, 宋文博, 李德林. 宣东煤矿冲击地压危险性分析与防治措施 [J]. 煤矿安全, 2014, 45 (6)：124-127.

[39] 徐奴文, 梁正召, 唐春安, 等. 基于微震监测的岩质边坡稳定性三维反馈分析 [J]. 岩石力学与工程学报, 2014 (S1)：3093-3104.

[40] 董陇军, 李夕兵, 马举, 等. 未知波速系统中声发射与微震震源三维解析综合定位方法及工程应用 [J]. 岩石力学与工程学报, 2017, 36 (1)：186-197.

[41] Dunford R, Harrison P, Smith A, et al. Integrating methods for ecosystem service assessment：Experiences from real world situations [J]. Ecosystem Services, 2018 (29)：499-514.

[42] 谢和平, 任世华, 谢亚辰, 焦小淼. 碳中和目标下煤炭行业发展机遇 [J]. 煤炭学报, 2021, 46 (7)：2197-2211.

[43] 康红普, 谢和平, 任世华, 等. 全球产业链与能源供应链重构背景下我国煤炭行业发展策略研究 [J]. 中国工程科学, 2022, 24 (6)：26-37.

[44] 金智新, 闫志蕊, 王宏伟, 等. 新一代信息技术赋能煤矿装备数智化转型升级 [J]. 工矿自动化, 2023 (6)：19-31.

[45] 王国法, 张良, 李首滨, 等. 煤矿无人化智能开采系统理论与技术研发进展 [J]. 煤炭学报, 2023, 48 (1)：34-53.

[46] 康红普, 姜鹏飞, 刘畅. 煤巷智能快速掘进技术与装备的发展方向 [J]. 采矿与岩层控制工程学报, 2023, 5 (2)：5-7.

[47] 王国法, 张铁岗, 王成山, 等. 基于新一代信息技术的能源与矿业治理体系发展战略研究 [J]. 中国工程科学, 2022, 24 (1)：176-189.

[48] 顾清华, 李学现, 卢才武, 等. "双碳" 背景下露天矿智能化建设新模式的技术路径 [J]. 金属矿山, 2023, 563 (5)：1-13.

[49] 顾清华, 江松, 李学现, 等. 人工智能背景下采矿系统工程发展现状与展望 [J]. 金属矿山, 2022, 551 (5)：10-25.

[50] 樊红卫, 张旭辉, 曹现刚, 等. 智慧矿山背景下我国煤矿机械故障诊断研究现状与展望 [J]. 振动与冲击, 2020, 39 (24)：194-204.

[51] 何满潮, 马资敏, 郭志飚, 等. 深部中厚煤层切顶留巷关键技术参数研究 [J]. 中国矿业大学学报, 2018, 47 (3)：468-477.

[52] 谭章禄, 王美君. 智能化煤矿数据归类与编码实质、目标与技术方法 [J]. 工矿自动化, 2023, 49 (1)：56-62, 72.

[53] 朱云起, 李帝铨, 刘最亮, 等. 煤矿 CSAMT 数据的广域电磁法处理 [J]. 煤田地质与勘探, 2023, 51 (4)：133-142.

[54] 杜毅博, 赵国瑞, 巩师鑫. 智能化煤矿大数据平台架构及数据处理关键技术研究 [J]. 煤炭科学技术, 2020, 48 (7): 177-185.

[55] 顾清华, 骆家乐, 李学现. 基于小生境的多目标进化算法 [J]. 计算机工程与应用, 2023, 59 (1): 126-139.

[56] 张梅, 张啸. 基于改进果蝇算法的煤矿井下机车调度优化 [J]. 电子测量技术, 2021, 44 (10): 52-56.

[57] 周天沛, 杨丽娟, 孙伟. 不确定条件下露天煤矿车辆优化调度的研究 [J]. 控制工程, 2019, 26 (7): 1298-1303.

[58] 陈智辉, 吴幼青, 吴诗勇, 等. 煤直接液化残渣的成焦行为及在配煤炼焦中的应用 [J]. 洁净煤技术, 2021, 27 (4): 83-89.

[59] 王岩, 杨承伟, 袁东营, 等. 煤岩学在炼焦配煤中的应用进展及优化配煤技术 [J]. 过程工程学报, 2023, 23 (1): 25-37.

[60] 娄素华, 杨印浩, 吴耀武, 等. 考虑大气污染物扩散时空特性的煤电机群发电调度及配煤协调优化 [J]. 中国电机工程学报, 2020, 40 (21): 6956-6964.

[61] 屈国强. 改进粒子群算法求解煤场配煤优化问题 [J]. 煤炭技术, 2017, 36 (5): 327-329.

[62] 王宗舞, 丁可轩. 基于区间模糊规划方法的炼焦配煤优化模型 [J]. 煤炭转化, 2013, 36 (1): 55-58.

[63] 张瑞新, 毛善君, 赵红泽, 等. 智慧露天矿山建设基本框架及体系设计 [J]. 煤炭科学技术, 2019, 47 (10): 1-23.

[64] 沈铭华, 马昆, 杨洋等. AI 智能视频识别技术在煤矿智慧矿山中的应用 [J]. 煤矿工程, 2023, 55 (4): 92-97.

[65] 过江, 古德生, 罗周全. 地下矿山安全监测与信息化技术 [J]. 安全与环境学报, 2006 (S1): 170-172.

[66] 丁恩杰, 俞啸, 夏冰, 等. 矿山信息化发展及以数字孪生为核心的智慧矿山关键技术 [J]. 煤炭学报, 2022, 47 (1): 564-578.

[67] 何满潮, 任树林, 陶志刚. 滑坡地质灾害牛顿力远程监测预警系统及工程应用 [J]. 岩石力学与工程学报, 2021, 40 (11): 2161-2172.

[68] 赵浩雷, 张锦. 我国露天煤矿空间分布特征分析及可视化平台构建 [J]. 中国煤炭, 2022, 48 (12): 9-15.

[69] 李诚信, 赵伟, 李千, 等. 疲劳监测技术在智慧矿山安全管理中的应用 [J]. 煤炭科学技术, 2021, 49 (S1): 131-137.

[70] 段建民, 石慧, 刘丹, 等. 无人驾驶智能车导航系统控制研究 [J]. 计算机仿真, 2016, 33 (2): 198-203, 442.

[71] 栾添添, 王皓, 尤波, 等. 狭窄空间的位姿辅助点 TEB 无人车导航方法 [J]. 仪器仪表学报, 2023, 44 (4): 121-128.

[72] Mostad P, Tamsen F. Error rates for unvalidated medical age assessment procedures [J]. International Journal of Legal Medicine, 2019, 133 (2): 613-623.